Procreate+SketchUp+Photoshop

建筑设计
手绘表现技法

李国涛 陈佳文 著/绘

人民邮电出版社

北 京

图书在版编目（CIP）数据

Procreate+SketchUp+Photoshop建筑设计手绘表现技
法 / 李国涛，陈佳文著、绘. -- 北京：人民邮电出版
社，2023.8
ISBN 978-7-115-61526-8

Ⅰ. ①P… Ⅱ. ①李… ②陈… Ⅲ. ①建筑设计－计算
机辅助设计－应用软件 Ⅳ. ①TU201.4

中国国家版本馆CIP数据核字(2023)第063987号

内 容 提 要

本书主要介绍使用iPad Procreate+SketchUp+Photoshop进行建筑设计手绘，共8章：第1章着重
讲解软件手绘和传统纸面手绘的区别；第2章讲解的是色彩搭配基本知识；第3章讲解建筑手绘中的
透视与构图；第4章讲解建筑设计中的材质表现技巧；第5~7章分别讲解建筑局部与配景表现、建
筑平面图、立面图和鸟瞰图表现技巧，以及建筑表现技巧；第8章展示了一些优秀的Procreate建筑
设计手绘作品。

本书适合建筑设计师和建筑设计专业的学生阅读，也可以作为建筑设计手绘培训机构的教材。

◆ 著 ／ 绘 李国涛 陈佳文
　　责任编辑 何建国
　　责任印制 周昇亮

◆ 人民邮电出版社出版发行 北京市丰台区成寿寺路 11 号
　　邮编 100164 电子邮件 315@ptpress.com.cn
　　网址 https://www.ptpress.com.cn
　　北京印匠彩色印刷有限公司印刷

◆ 开本：690×970 1/16
　　印张：9.5 2023 年 8 月第 1 版
　　字数：243 千字 2023 年 8 月北京第 1 次印刷

定价：79.90 元

读者服务热线：(010)81055296 印装质量热线：(010)81055316
反盗版热线：(010)81055315
广告经营许可证：京东市监广登字 20170147 号

目录
CONTENTS

第 1 章

用iPad + Procreate建筑设计基础

第 2 章

色彩搭配基础知识

6
第 章

建筑平面图、立面图、鸟瞰图表现技巧

7
第 章

建筑表现技巧

8
第 章

Procreate建筑设计手绘作品欣赏

第 1 章

用iPad + Procreate建筑设计基础

1.1
软件手绘与传统纸面手绘的区别

传统纸面手绘与软件手绘各有优势，本节将从工具、绘制方法以及表现效果等方面展示它们的不同，我们一起来了解一下吧！

工具

传统纸面手绘：

绘画工具有色粉、彩色铅笔、马克笔、水彩颜料等，辅助工具有尺子、勾线笔、修正液、高光笔等。

iPad软件手绘：

基本工具有iPad+Apple Pencil+软件，市面上的软件有Procreate、Infinite Painter、 Sketchbook、概念画板等，本书使用的是专为iPad设计的主流创作软件Procreate，其强大的绘图功能及艺术表现能力，使其深受专业创作者和艺术家的喜爱。

电脑+手绘板软件手绘：

该种方式需要将电脑与手绘板结合，需要先在电脑上下载绘图软件，比如Photoshop、SAI、Infinite Painter、Flash等。

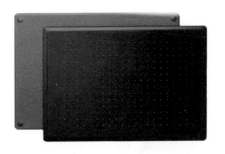

绘制方法

传统纸面手绘通常先使用铅笔起形，再用勾线笔勾线，最后使用色粉、马克笔、彩色铅笔等工具上色。软件手绘可以使用多种方式表现不同的效果，比如可以和传统纸面手绘的画法类似，先画线稿，再上色；也可以直接使用色块作图表现效果。软件手绘可以使用丰富多样的笔刷及贴图，使得绘图的内容更加广泛，表现的效果更加美观细腻。

表现效果

传统纸面手绘依托于纸和笔，在一定程度上其作品有很强的主观性。其笔触以及效果的表现，反映了设计师的艺术涵养，可以说传统纸面手绘作品更具有艺术性，但缺点是绘制速度比较慢，容错率较低，一旦画错可能需要从头再画。

软件手绘由于素材及笔刷等的加入，绘制效果更为逼真，介于草图与3D渲染效果图之间，能够直观地表现出建筑的材质以及空间关系。绘图辅助工具的使用，使得整体透视关系更为准确。软件手绘作品不仅具有传统纸面手绘作品的艺术性，还具有易修改和强真实性等优点。

传统纸面手绘作品展示

总结

　　iPad＋Procreate软件手绘的优点可以总结为
"快、准"。随着整个iPad软件生态的不断发展,手绘
软件也更加贴合设计师的日常使用习惯,iPad软件中
的绘图辅助功能及笔刷、贴图等的出现,使得iPad手
绘作品更为准确,效果更好,速度也更快,可节省大量
的创作时间。

1.2
软件手绘工具

◆ iPad 的选购小窍门

型号

iPad一共有4个型号，分别为iPad mini、iPad、iPad Air、iPad Pro。一般来说，涉及专业用途建议选择iPad Pro和Air系列。尺寸建议选择12.9寸，屏幕越大，绘图越方便。容量建议选择256GB，这样软件运行会更加流畅。根据自己的需求购买即可。

iPad Pro 五代	iPad Pro 三代	iPad Air 五代	iPad 九代	iPad mini 六代
12.9英寸	11英寸	10.9英寸	10.2英寸	8.3英寸

iPad配件

专业绘图尽量使用iPad原装配件，建议选择Apple Pencil原装笔。绘图膜可分为钢化膜和类纸膜两种。钢化膜不影响色彩效果及清晰度，不易磨损笔尖，但是会反光和打滑。使用类纸膜和原装笔会产生类似于书写的效果，但是会影响清晰度，并且容易磨损笔尖。这里推荐两种膜和笔尖的搭配方式，大家根据自己的需求选择即可。

钢化膜+软胶笔尖

类纸膜+原装笔尖

◆ iPad手绘软件的认识与选择

数码科技的进步使得设计工具越来越多样化，设计师也不再局限于单一设计方式。以下是市面上主流的几款iPad手绘软件。

Procreate

可以利用Procreate笔刷轻易表现出油画、素描、钢笔画、水彩等效果。另外，Procreate每一种笔刷都可以个性化设置，并支持自制和导入笔刷。

Sketchbook

Sketchbook是由推出AutoCAD、3ds Max、Maya的公司 Autodesk 出品的专业创意画图工具，提供了丰富、专业的画笔工具，绘画者可以使用它们画出各种不同风格的图画作品。

概念画板

概念画板最大的特点之一就是拥有"可无限放大的画布"，做思维导图的时候再也不怕画布不够用了。可移动菜单还有精确的测量工具，可让你的"灵魂小画手"画出一切想要的画面。

Infinite Painter

Infinite Painter是一款轻量级的绘画工具，操作简便，导入图片后，可以对其进行转化、重新定义大小、旋转、翻转，以及根据自己的喜好重新着色等操作。普通版无法创建新图层；高级版不仅可以增加图层，还有辅助线、渐变效果、图形工具、透视辅助等功能。

◆ 辅助绘图软件Photoshop、SketchUp

目前辅助绘图软件中应用较广泛的主要是Photoshop和SketchUp，都是电脑端软件。这两款软件的操作逻辑相似，用户可在其中建模、修图后导出，然后使用绘图软件上色。

Photoshop

Photoshop主要处理由像素构成的数字图像，可以有效地进行图片编辑工作。Photoshop有很多功能，应用领域非常广泛，涉及图像、图形、文字、视频等方面。从功能上看，该软件具有图像编辑、图像合成、校色调色等功能，可以进行复制、去除斑点、修补、修饰图像等操作。

SketchUp

SketchUp又名"草图大师"，是一款用于创建、共享和展示3D模型的建模软件。SketchUp的创作过程不仅能够充分表达设计师的思想，而且能满足与客户即时交流的需要。它使得设计师可以直接在电脑上进行十分直观的构思，是创作三维建筑设计方案的优秀工具。

SketchUp分为试用版本和专业版本，专业版本主要增加了CAD格式文件的导入功能，可以导入已有的建模资料。SketchUp的各种增强和辅助插件，使设计师在进行3D绘图时更快速、更得心应手。

第 2 章

色彩搭配基础知识

2.1
巩固色彩基础知识

◆ 色彩三要素的分解

明度

明度指色彩的明暗程度。它包括两层含义：一是指一种颜色本身的明与暗；二是指不同色相的明与暗。黄色为明度最高的颜色，紫色为明度最低的颜色。

纯度

纯度指色彩色素的纯净程度，也称色彩的饱和度。纯度低的颜色，给人灰暗、淡雅或柔和之感。纯度高的颜色，给人鲜明、突出、有力，但是单调刺眼的感觉。若混合的颜色太杂或色调灰暗则容易给人"脏"的感觉。

色相

色相指色彩的"相貌"，是色彩最显著、最基本的特征之一。所以色彩有时也被称为色相。色相的不同是由光波的长短差别所决定的。

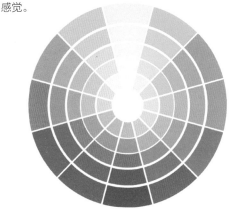

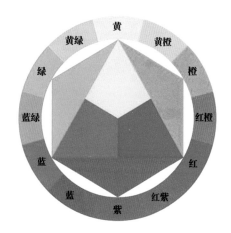

◆ 色调的统一与变化

色调的统一与变化是通过对色彩的三要素（色相、明度、纯度）进行处理、加工、整合实现的。常用的色调调和有以下两种。

同色系调和：同一色彩的面积较大，纯度接近，明度相同，主体统一，包含少量色彩变化的色调。

同明度调和：色彩的明度为主要的色彩关系，相同明度的色彩占主导地位，少量纯度和明度变化起到丰富色彩的作用。

色调统一的画面能够给人带来和谐的视觉印象和舒适的视觉感受，但是过于统一就会产生呆板、单调的负面效果。若色彩变化丰富但没有形成统一色调，画面就会显得凌乱不堪。

同明度调和

同色系调和

2.2
沉浸式配色方法

◆ 邻近色配色法

邻近色配色法会使作品产生和谐、柔和、亲切的效果,特点是比较舒适、平稳。在搭配的几种色彩中应有主次、虚实、强弱的区别。较简单的邻近色搭配是将暖色调的色彩搭配在一起、冷色调的色彩搭配在一起,从而让画面整体显得有层次、不杂乱。需要注意色彩之间纯度和明度的相互衬托关系。

◆ 互补色配色法

互补色配色法是在保持色相不变的基础上,改变互补色的明度、纯度。这样搭配不仅可保留互补色的特点,而且可降低纯色对比产生的过强的视觉影响。

◆ "二八"配色法

　　"二八"配色法用于调配色彩面积。不对等使用色彩，可以使一种色彩的面积较大，另一种色彩作为辅助或点缀。

　　使用"二八"配色法的作品不会对视觉产生太强烈的刺激，同时还会保留色彩之间的互补效果。

第 3 章

轻松掌握建筑手绘透视与构图

3.1
建筑透视

◆ 透视基本概念

　　透视——通过一层透明的平面去研究其后面物体的视觉科学。"透视"一词来源于拉丁文 "Perspclre"（看透），有人将之解释为"透而视之"。

　　透视图——将看到的或设想的物体、人物等，依照透视规律在某种媒介物上表现出来，所得到的图叫透视图。

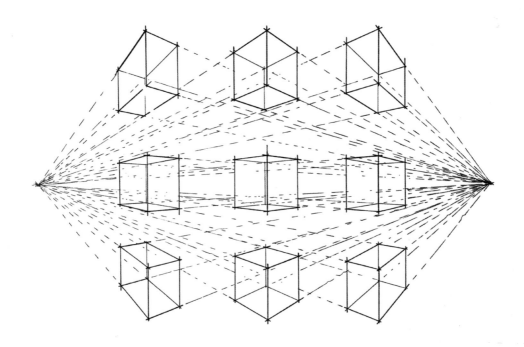

　　视点——人眼睛所在的地方。

　　视平线——与人眼等高的一条水平线。

　　视线——视点与物体任何部位的假象连线。

　　视域——眼睛所能看到的空间范围（有效视域、非有效视域）。

　　视锥——视点与无数条视线构成的圆锥体。

　　中视线——视锥的中心轴，又称中视点。

　　站点——观者所站的位置，又称停点或立点。

距点——将视距的长度反映在视平线上心点的左右两边所得的两个点。

余点——在视平线上，除心点、距点外，其他的点统称余点。

灭点——透视点的消失点。

天点——视平线上方消失的点。

地点——视平线下方消失的点。

测点——用来测量成角物体透视深度的点。

基面——景物的放置平面，一般指地面。

画面线——画面与地面脱离后留在地面上的线。

视高——从视平线到基面的垂直距离。

平面图——物体在平面上形成的痕迹。

◆ 透视原理

一点透视

一点透视又叫平行透视，常用于表现建筑物、空间场景的透视效果。一点透视图中有一个主要面或主要物体轮廓平行或垂直于画面，除了垂直线、平行线之外，其余的形体轮廓线都要消失在一个点（即灭点上），且灭点一定在视平线上。

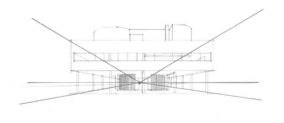

一点透视在透视制图中的运用最为普遍。一点透视图表现范围广、涵盖的内容丰富。

两点透视

两点透视又叫成角透视,常用于表现建筑物或空间场景呈现夹角的效果,竖线垂直于地面。两点透视图中主要物体或主要场景的竖线垂直于地面,其余的物体轮廓线或场景线条分别消失于视平线上的两个灭点,并且两个灭点都位于同一条视平线上。

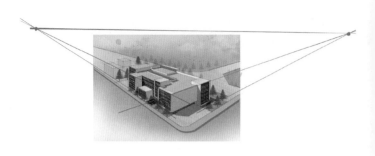

◆ 透视视角选择与表达

选择合适的视角可以表现或突出某一建筑物或空间场景的视觉效果。对建筑物或空间场景的主要部分或主要面的表达与刻画,是带有主观意向的表现。好的视角会给人带来愉悦感,差的视角会影响设计方案的表现。

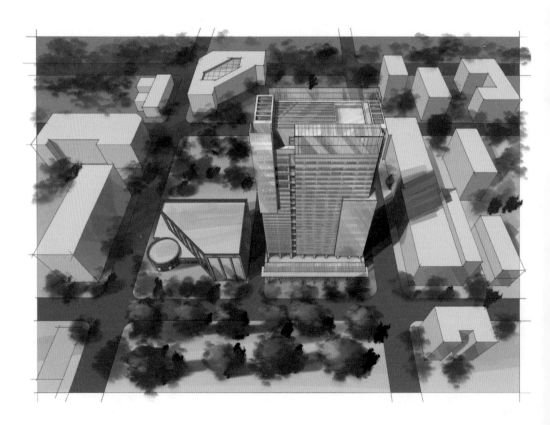

3.2
建筑构图

◆ 五大构图形式

对角线构图

对角线构图也称斜线构图，斜线本身就有空间感、延伸感，容易使人产生重心不稳的感觉。斜线倾斜的角度越大，表现效果越强烈。对角线构图的空间显得比较深远，可使画面具有活力。

三角形构图

三角形构图给人坚实、稳定、有力量的感觉，这也运用在很多建筑上，如埃及的金字塔、中国的寺庙、哥特式的教堂等。

"S"形构图

"S"形构图会使人联想到蛇形运动，蜿蜒盘旋。山水画、建筑形体布局也经常采用"S"形构图。这种构图迂回上升，将观众的视线沿着"S"形引向远方。

水平线构图

线条、视平线、直线会使人联想广阔的大地、无际的海洋、广袤的草原等，给人开阔、安宁、平静、亲切的感觉。运用水平线构图，画面可产生朴实大方、宁静祥和的效果。

垂直线构图

使用垂直线构图的画面的特点是严肃、宁静、积极向上，同时有高大威武的气势。

◆ 留白的运用

留白是当下较为流行的构图技巧。在纷繁忙碌的世界里，要给自己留点儿空间、时间放空自己。

留白来自中国画，古人作画善于用留白来表现简洁、超凡脱俗的意境。留白不仅留出了空间、位置，也留出了想象空间和无限的远方。

3.3
Procreate透视辅助工具——绘图指引

◆ 打开绘图指引

◆ 编辑绘图指引

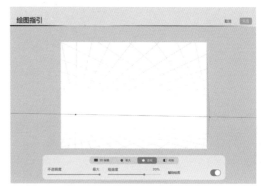

◆ 创建透视空间场景

第 4 章

建筑设计中的材质表现技巧

4.1
木质表现技巧

◆ 建筑木质纹理表现1+Photoshop画面调整

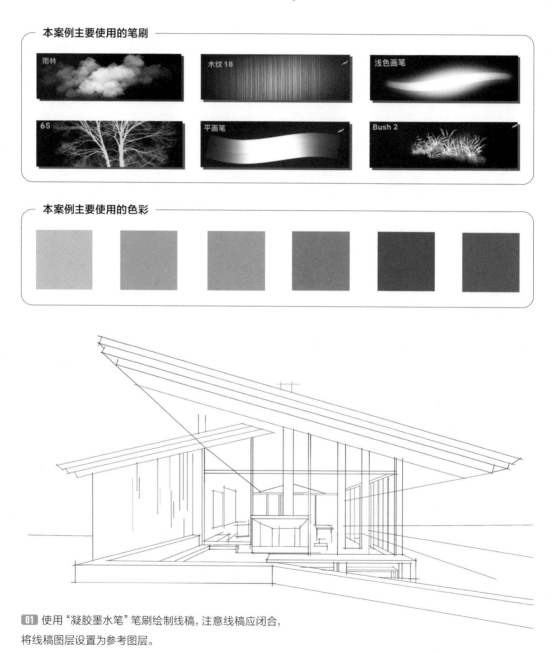

本案例主要使用的笔刷

雨林　木纹18　浅色画笔

65　平画笔　Bush 2

本案例主要使用的色彩

01 使用"凝胶墨水笔"笔刷绘制线稿，注意线稿应闭合，
将线稿图层设置为参考图层。

02 使用选取工具选出屋顶区域
并整体上色,使用"平画笔1"笔刷
绘制屋顶的木板结构。

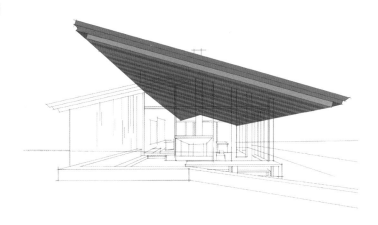

03 使用填充功能将建筑整体的
固有色及建筑明暗关系快速表现
出来。

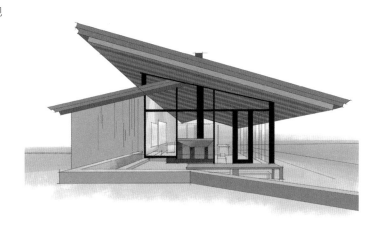

04 使用"Bush 2"笔刷、"65"
笔刷绘制建筑周边的植物。通过
调整笔刷的透明度可以表现出画
面通透的效果。

05 在背景图层使用"雨林"笔刷画出有层次感的天空。用"木纹18"笔刷为建筑左边的木质外立面画上纹理，注意纹理的粗细变化，灵活更换笔刷以避免太过生硬。

06 使用亮度集中的"浅色画笔"笔刷绘制建筑灯光效果，使用"平画笔"笔刷将金属窗框上的反光效果表现出来。

07 使用选取工具选中玻璃并填充颜色，调整玻璃图层的透明度，使之能够透出建筑内部的结构。将玻璃图层锁定，使用"浅色画笔"笔刷表现出玻璃的反光效果。

08 用Photoshop中的"曲线"工具调整画面整体的明度
对比与色彩对比。

◆ 建筑木质纹理表现2

本案例主要使用的笔刷

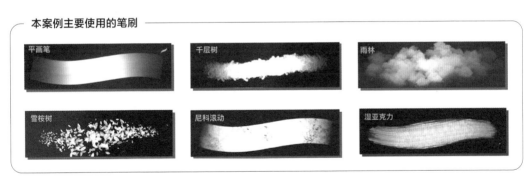

平画笔　　　　　千层树　　　　　雨林

雪桉树　　　　　尼科滚动　　　　温亚克力

本案例主要使用的色彩

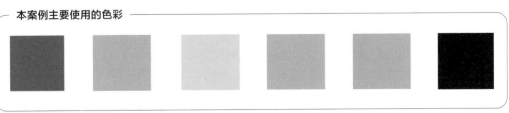

01 使用"凝胶墨水笔"笔刷绘制建筑线稿,并将该图层设置为参考图层。

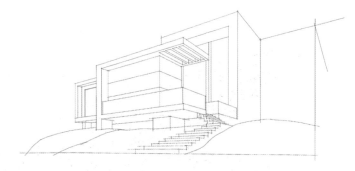

02 新建固有色图层,在该图层上使用"拖曳填充"功能,将建筑的明暗及固有色表现出来。

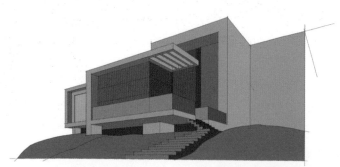

03 建筑的木板用"湿亚克力"笔刷和深浅不同的木质色彩刻画。然后用"6B铅笔"笔刷画出深色线和浅色线。

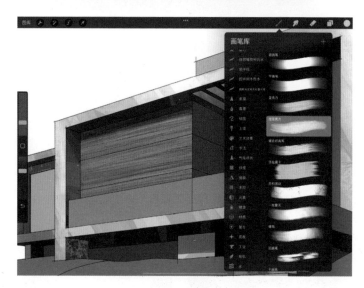

04 使用"平画笔""尼科滚动"笔刷绘制建筑主体结构,表现出建筑明暗关系。应根据建筑结构或光影关系进行刻画。

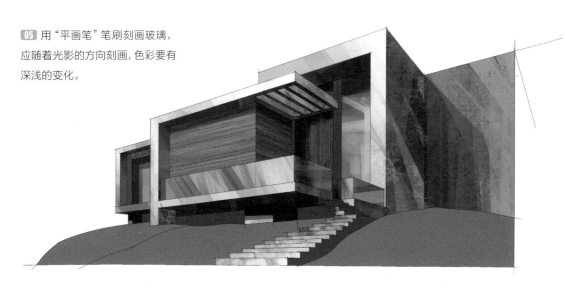

05 用"平画笔"笔刷刻画玻璃,应随着光影的方向刻画,色彩要有深浅的变化。

06 用"雨林"笔刷、"雪桉树"笔刷刻画建筑周边的景物。

4.2
石材质表现技巧

◆ 建筑墙体石材质表现＋Photoshop画面调整

本案例主要使用的笔刷

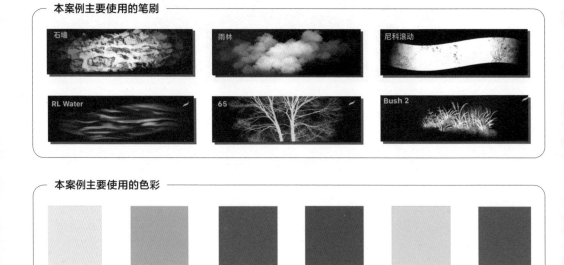

本案例主要使用的色彩

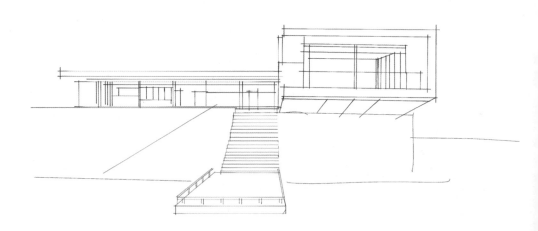

01 使用"凝胶墨水笔1"笔刷绘制线稿，注意线条要两头粗、中间细，绘制完以后一定要检查线稿是否闭合。

02 将线稿图层设置为参考图层。新增一个固有色图层，直接拖动色块填充该图层，快速将建筑的明暗面表现出来。

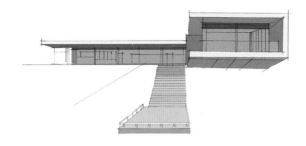

03 分别添加背景天空、山体、地面图层。建筑下的墙壁效果可使用"石墙"笔刷进行绘制，也可以使用石墙纹理图贴图实现。天空直接填充为固有浅蓝色即可。

注意 要表现出建筑在墙面上的投影效果。

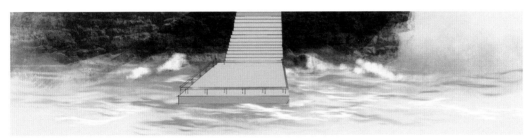

04 使用自然笔刷集中的"RL Water"笔刷，先选取较深的蓝色将水面的暗部表现出来，然后使用较浅的蓝色将海面上的较亮区域刻画出来。

05 在天空图层上使用有机画笔集中的"雨林"笔刷，先选取较深的蓝色绘制云朵的暗面，然后使用较浅的蓝色表现出云朵的亮面，在这个过程中要注意云朵的整体走向，使其表现出"体积感"。

06 使用"Bush 2"笔刷和"65"笔刷，将建筑背后的植物刻画出来。

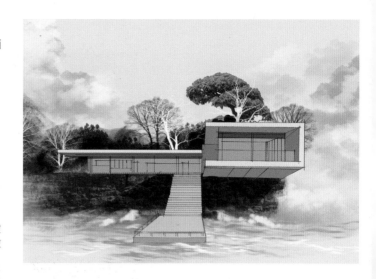

注意 要表现植物之间的前后虚实关系，可在恰当的地方做植物剪影效果处理。

07 使用"平画笔"笔刷将建筑内部的明暗效果刻画出来，然后新建玻璃图层，使用选取工具将玻璃的区域选中并填色，调整该区域的透明度，使玻璃质感大致表现出来。用"尼科滚动"笔刷将入口台阶的明暗关系表现出来。

08 用Photoshop中的"色阶"工具调整画面的总体明度对比关系。

◆ **石材质台阶表现+纸面手绘线稿**

本案例主要使用的笔刷

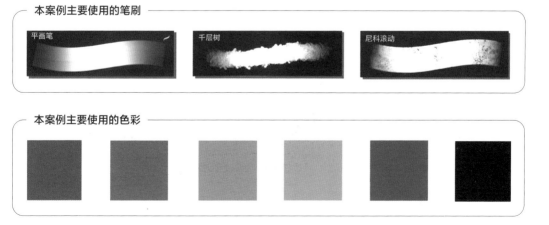

平画笔　　　千层树　　　尼科滚动

本案例主要使用的色彩

01 将在纸面上绘制的传统线稿，
通过扫描方式传到Procreate中，
把线稿处理干净。

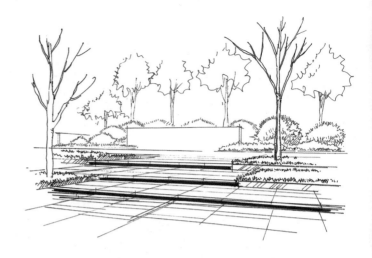

02 用"平画笔"笔刷绘制蓝灰色
的地面，草丛用"千层树"笔刷绘
制，注意绿色的变化。

03 用"平画笔"笔刷刻画地面的
光影效果，使地面显得更加整洁、
有质感。

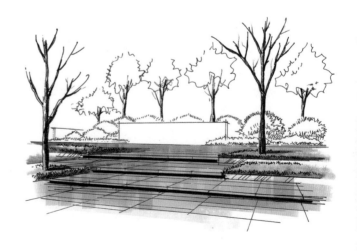

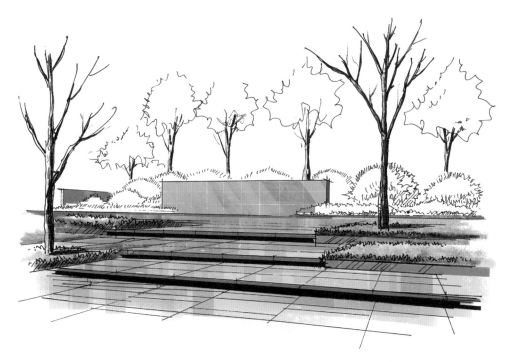

04 用"尼科滚动"笔刷画远处的景墙,并表现出光感。再用这个笔刷刻画台阶的暗面,使台阶更有立体效果。

05 用高光笔刻画地面的细节,为景墙附近的植物填充绿色,丰富画面色彩。

4.3
玻璃材质表现技巧

◆ 窗户玻璃材质表现

本案例主要使用的笔刷

本案例主要使用的色彩

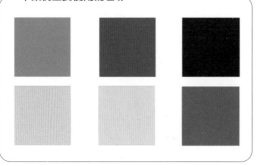

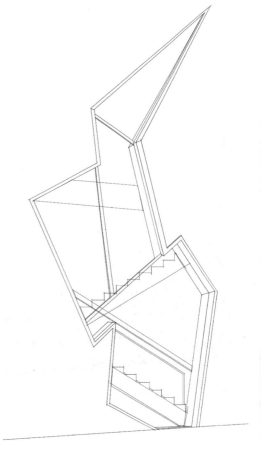

01 使用"凝胶墨水笔1"笔刷绘制线稿，注意线稿的
闭合与正确性。

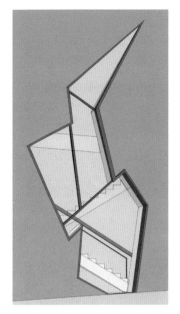 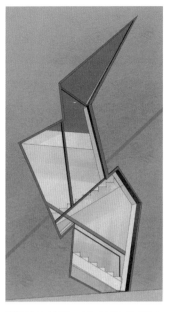 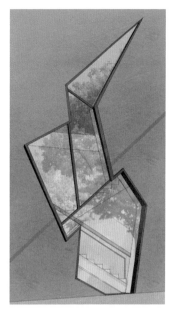

02 新建固有色图层,使用软件的拖曳填充功能,将整体的固有色与明暗关系初步表现出来。

03 选取墙面区域,使用"混凝土块"笔刷,表现出墙面的质感与明暗关系。使用"平画笔"笔刷,表现出窗户内的结构与明暗关系。

04 使用选取工具,框选出玻璃的区域,填充浅蓝色,调整玻璃图层的透明度,使其能够透出建筑内部的构造。

05 使用"乔木"笔刷绘制出玻璃上的树木剪影,调整其透明度,使其更加贴合。然后使用发光笔刷集中的"浅色画笔"笔刷将玻璃的反光效果表现出来。

◆ 玻璃幕墙材质表现

本案例主要使用的笔刷

本案例主要使用的色彩

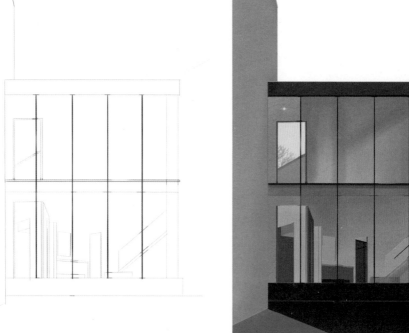

01 使用"凝胶墨水笔"笔刷绘制线稿,注意闭合线稿,以方便后续上色。

02 使用填充上色功能为画面整体上色,需区分建筑及玻璃。用"混凝土块"笔刷绘制墙面纹理,表现出其质感。

03 用"软画笔"笔刷表现出玻璃上的大部分反光效果，并将其透明度调低，表现出玻璃的质感。

04 使用乔木笔刷集中的"15"笔刷、"65"笔刷和"102"笔刷绘制玻璃上的植物剪影效果，然后使用"浅色画笔"笔刷绘制玻璃上的强光效果，调整整体画面就完成啦。

4.4
金属材质表现技巧

◆ 金属材质构筑物表现1

本案例主要使用的笔刷

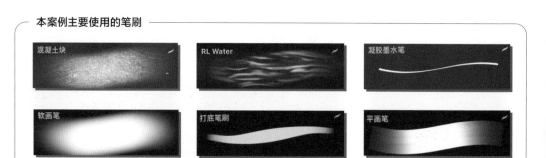

本案例主要使用的色彩

01 使用"凝胶墨水笔"笔刷绘制线稿，注意线稿的闭合。绘制完成以后，将线稿图层设置为参考图层，以方便后续上色。

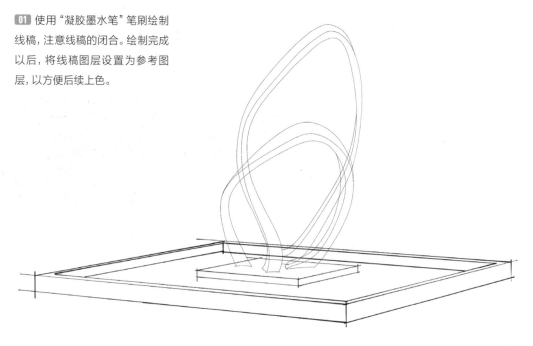

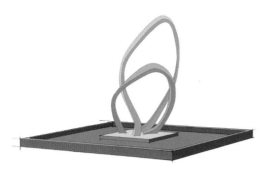

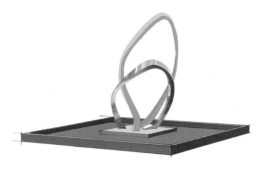

02 使用拖曳填充功能对线稿进行上色，快速表现出雕塑的明暗关系。

03 由于金属的表面较为光滑，因此选用绘制效果平滑的"平画笔1"笔刷，将金属表面的色彩变化以及反光效果表现出来。

04 光滑的金属容易反射周围事物的色彩，因此要在金属固有色的基础上加入环境色。使用"混凝土块"笔刷表现出雕塑底座粗糙的质感，注意不要弄错明暗变化。

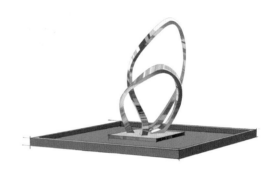

05 使用自然笔刷集中的"RL Water"笔刷表现出水景的纹理，然后调整画面整体的明暗关系以及细节即可。

◆ 金属材质构筑物表现2

本案例主要使用的笔刷

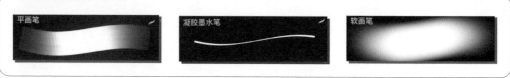

平画笔　　　凝胶墨水笔　　　软画笔

本案例主要使用的色彩

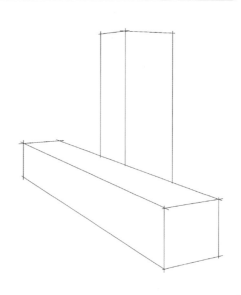

01 用"凝胶墨水笔"笔刷绘制线稿，将线稿闭合以方便后续上色。打开绘图指引能更好地刻画线稿。

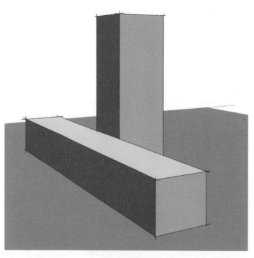

02 将线稿图层设置为参考图层。新建固有色图层，把物体的亮面、暗面分别填上金属色。

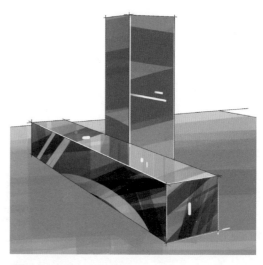

03 用"平画笔"笔刷表现出金属表面光洁的质感，用深蓝色、浅蓝灰色表现金属的明暗关系与反光质感。

第 5 章

掌握建筑局部与配景表现方略

建筑局部与配景常用笔刷

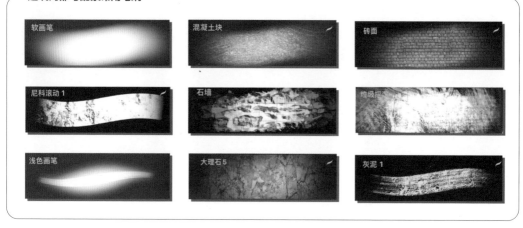

软画笔　　混凝土块　　砖面
尼科滚动 1　　石墙　　垃圾摇滚
浅色画笔　　大理石 5　　灰泥 1

Procreate中不同的笔刷可用于表现不同的材质，但是个别的笔刷也可以相互代替使用。比如用"混凝土块"笔刷画地面，用"垃圾摇滚""灰泥1"笔刷画墙体，这3个笔刷有时可以相互代替使用。"软画笔"笔刷是画建筑暗面的主要工具，笔刷的颜色与建筑局部的颜色要统一。

建筑局部效果图赏析

5.1
建筑与窗户表现技巧

◆ 建筑设计表现＋Photoshop画面调整

本案例主要使用的笔刷

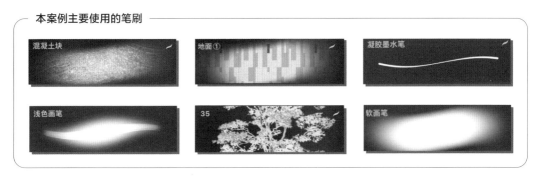

本案例主要使用的色彩

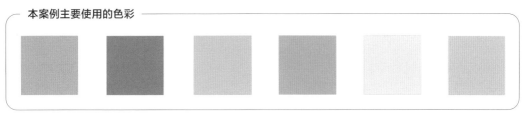

01 根据透视原理，用"凝胶墨水笔1"笔刷绘制建筑局部结构的线稿，可打开绘图指引。将线稿闭合以方便后续上色。

03 使用选取工具分别选取不同的区域,并用"软画笔"笔刷将各区域的亮面、暗面部分分别画出。

注意 在填色图层配合使用选取工具进行填色,色彩会更加均匀、准确。

02 将线稿图层设置为参考图层。新建固有色图层,把建筑局部的亮面、暗面分别填色。

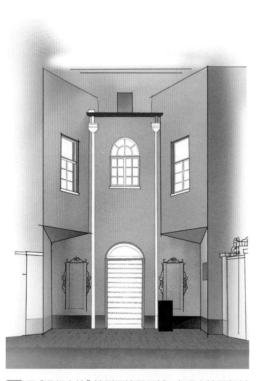

04 用"混凝土块"笔刷画墙面区域,表现出墙面粗糙的质感,选取灰色绘制暗面部分,然后选取浅灰色从亮面向暗面绘制。注意表现墙面的明暗对比关系。

05 创建窗户图层,填充窗户的固有色,将窗户的明暗关系表现出来。使用"软画笔"笔刷在窗户内绘制玻璃色彩,并将图层降低15%透明度,表现玻璃透明的质感。再使用"浅色画笔"笔刷平涂方法绘制玻璃的反光效果。新建植物图层,使用乔木"4"笔刷绘制建筑前面的植物。

06 选取地面笔刷集中的"地面笔刷1"绘制地面纹理。使用图层变换工具调整地面的透视关系。然后创建新图层命名为"植物"，选取园林树木乔木笔刷集中的"35"笔刷绘制前景上方植物。

07 用"乔木5"笔刷更换前景下方植物用Photoshop对画面进行调整，用"魔棒工具"或"抽出"工具把植物独立出来并移动到适合的位置。

08 将最终效果保存为JPG格式的文件就可以了。

◆ "卢浮宫"建筑表现 + SketchUp辅助绘制

本案例主要使用的笔刷

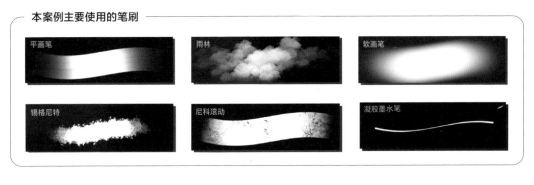

本案例主要使用的色彩

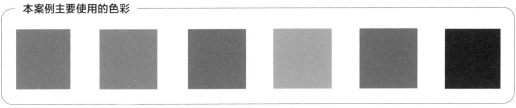

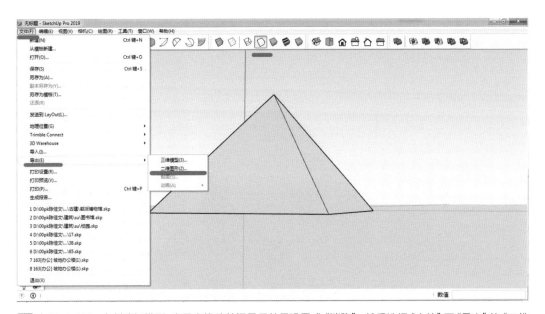

01 在SketchUp 中创建好模型,在导出线稿前把显示效果设置成"消隐"。然后选择"文件"下"导出"的"二维图形"。

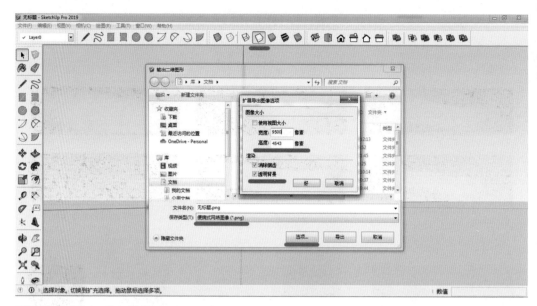

02 选择"保存类型"为"便携式网络图像（*.png）"，单击"选项"按钮，在"扩展导出图像选项"对话框中设置"宽度"为9500像素、"高度"为4543像素，勾选"消除锯齿""透明背景"复选框，导出线稿图片。

03 将从SketchUp中导出的线稿图片，在Procreate中调整至底色透明，以方便后续上色。

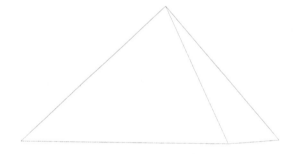

04 使用拖曳填充功能填充建筑的固有色，快速表现出建筑的明暗关系。

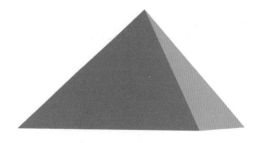

05 利用"绘图指引"工具中的"等大"功能来辅助刻画建筑结构。

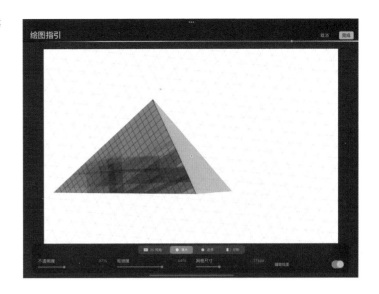

06 详细绘制建筑结构, 注意透视的变化。

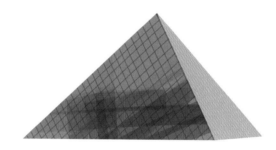

07 表现出玻璃上的反光、反射等效果, 然后用"凝胶墨水笔"笔刷绘制高光效果。

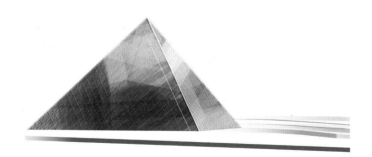

08 绘制地面、远处的建筑、天空等，它们的主要作用是突出建筑主体。

◆ "萨伏伊别墅"窗户表现

本案例主要使用的笔刷

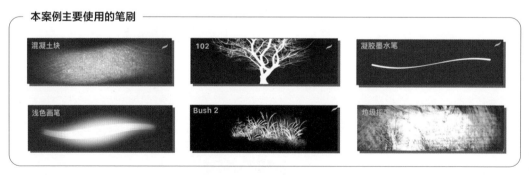

| 混凝土块 | 102 | 凝胶墨水笔 |
| 浅色画笔 | Bush 2 | 焰级摇 |

本案例主要使用的色彩

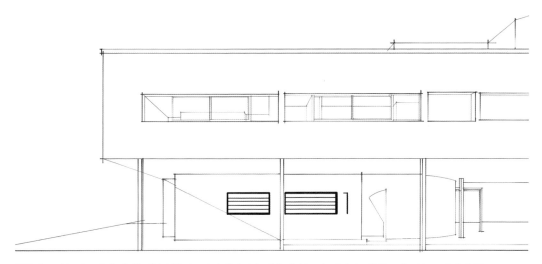

01 使用"凝胶墨水笔1"笔刷绘制线稿，注意将窗户与窗框的关系表现出来，并设置线稿图层为参考图层。

02 新建固有色图层，在该图层上使用拖曳填充功能，将建筑的明暗关系及固有色表现出来。在草地图层上使用草坪纹理贴图，使用变形工具调整透视效果。另外使用"平画笔"笔刷绘制窗户的结构，表现出其明暗关系。

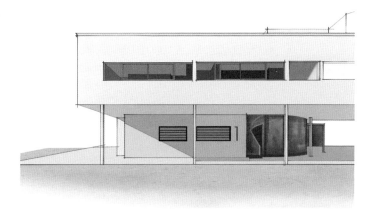

03 新建植物图层，选择"102"笔刷、"Bush 2"笔刷将其调整为半透明，绘制建筑周围的植物。新建背景图层，绘制一个几何形，填充颜色画出若干只飞鸟的概括形，为画面增加一些生气。

04 添加素材照片，将该图层设置为剪辑蒙版，放置在刚刚绘制的圆形图层的上面。

注意 剪辑蒙版会使图层只显示其下方图层的色块区域。

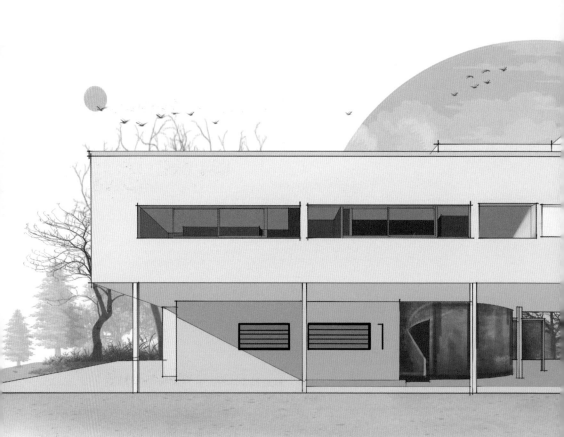

05 使用"混凝土块"笔刷和"垃圾摇滚"笔刷绘制墙面的纹理，表现出其质感与明暗关系。然后使用亮度笔刷集中的"浅色画笔"笔表现出玻璃上的反光效果。

5.2
建筑楼梯表现技巧

◆ 室内建筑楼梯设计表现

本案例主要使用的笔刷

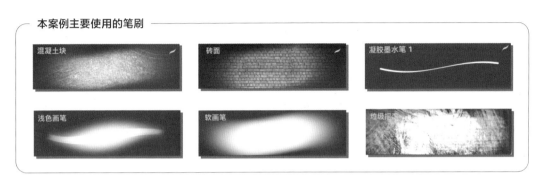

本案例主要使用的色彩

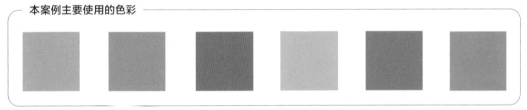

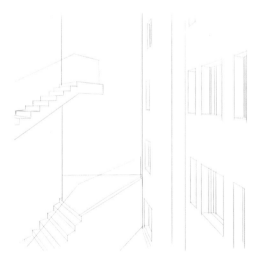

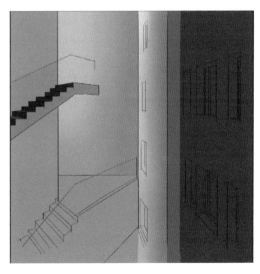

01 使用"凝胶墨水笔1"笔刷绘制线稿,注意窗户的透视和结构,以及线稿的闭合,完成线稿后将其设置为参考图层。

02 新建图层,使用拖曳填充功能,表现出楼梯的明暗变化以及固有色。

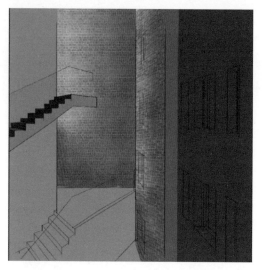

03 分别选取各墙面，使用"砖面"笔刷绘制出纹理。这个时候墙面的纹理是平行的，缺少透视感，因此使用变形工具对刚刚绘制的墙面纹理进行调整。

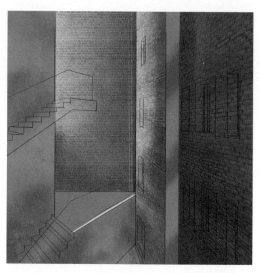

04 新建图层，将其设置为剪辑蒙版并放在墙面图层下，使用"软画笔"笔刷表现出墙面的亮暗以及光影效果。

05 选取冷灰色，使用"垃圾摇滚"笔刷和"混凝土块"笔刷对楼梯进行明暗处理，表现出混凝土墙面的质感和纹理。

06 新建玻璃扶手图层，使用手绘选取工具选取楼梯上玻璃扶手区域，调整该图层的透明度，表现出玻璃扶手的质感。新建反光图层，放置在玻璃图层上方并设置为剪辑蒙版。使用"浅色画笔"笔刷表现出玻璃扶手上的反光效果。最后调整画面整体的明暗关系。

◆ 室外建筑楼梯设计表现＋SketchUp辅助绘制

本案例主要使用的笔刷

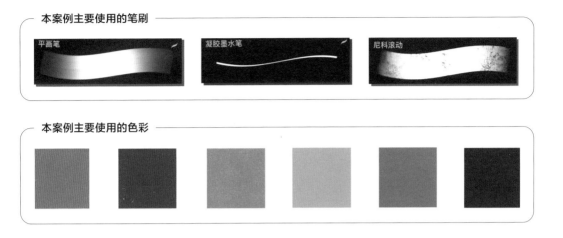

本案例主要使用的色彩

01 在SketchUp中创建模型，设置显示效果为"消隐"。然后选择"文件"下"导出"的"二维图形"，选择"保存类型"为"便携式网络图像（*.png）"，单击"选项"按钮，在"扩展导出图像选项"对话框中设置"宽度"为9900像素、"高度"为4543像素，勾选"消除锯齿""透明背景"复选框，导出线稿图片。

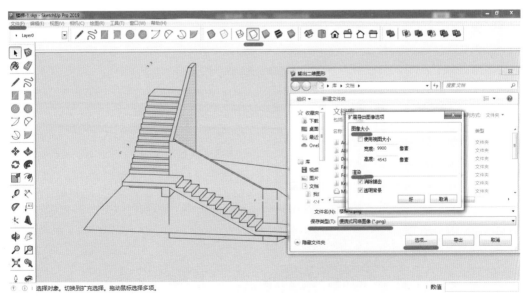

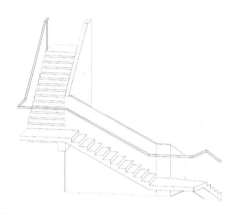 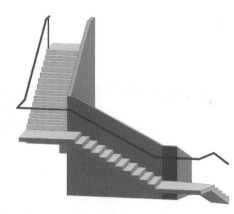

02 将从SketchUp中导出的线稿图片,在Procreate中调整至底色透明,以方便后续上色。

03 使用拖曳填充功能,填充楼梯的固有色,快速表现出楼梯的明暗关系。

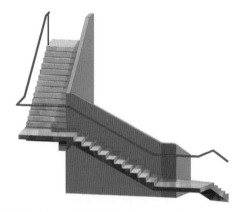 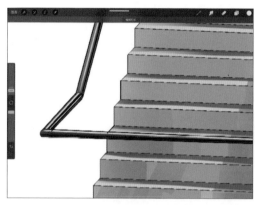

04 使用"平画笔"笔刷绘制台阶上的投影、暗面部分,注意笔触的变化。

05 在绘制楼梯扶手时,主要采用圆柱体的绘画方法。注意金属的色彩及光泽变化。

06 用"尼科滚动"笔刷表现出楼梯的明暗变化,用"平画笔"笔刷表现出光影效果。地面与地面上的投影起到陪衬的作用。

5.3
植物、水景表现技巧

◆ 植物表现技巧 + Photoshop调整

本案例主要使用的笔刷

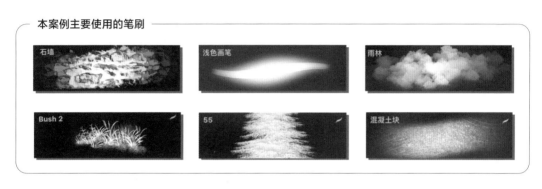

本案例主要使用的色彩

01 使用"凝胶墨水笔"笔刷绘制线稿，注意线稿的闭合，以方便后续上色。绘制完成后，设置线稿图层为参考图层。

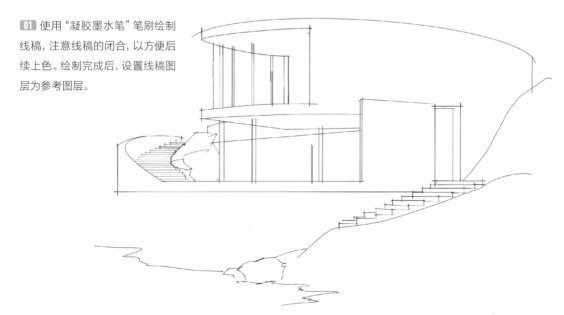

02 新建一个图层，使用拖曳填充功能填充建筑的固有色。新建另一个图层，使用"软画笔"笔刷绘制色彩有深浅变化的背景。

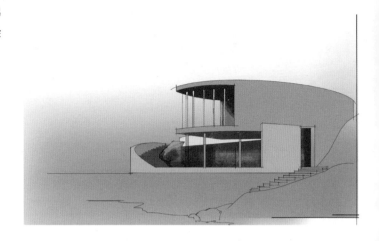

03 使用"雨林"笔刷绘制背景中的云朵，通过笔的压感绘制出云朵的变化。使用"Bush 2"笔刷绘制前景中的植物，先绘制深色植物，再换成浅色绘制出小草，表现出植物的空间变化。

04 使用"石墙"笔刷绘制建筑下的山体墙面，应绘制出景深效果。在植物图层用"55"笔刷绘制出建筑后面的乔木，通过调整笔刷的透明度，表现出通透、深远的效果。

05 在建筑墙面图层，使用"混凝土块"笔刷绘制出建筑外立面的纹理，表现出其质感，在靠近光源处换成同色系的浅色，绘制出光源效果。

06 使用"浅色画笔"笔刷表现出建筑内灯光的效果和玻璃的反光效果。注意要表现出玻璃的通透感。

07 用Photoshop添加人物配景，人物一般设置为半透明色。注意人物在画面中的比例。对画面整体进行调整。

 最终完成效果。

◆ 水景表现技巧

本案例主要使用的笔刷

本案例主要使用的色彩

01 使用"凝胶墨水笔"笔刷绘制建筑线稿，画完线稿后将线稿图层设置为参考图层。

02 新建图层，使用拖曳填充功能填充建筑固有色、水体固有色，初步表现出建筑的明暗关系。

03 新建天空图层，使用"软画笔"笔刷绘制有深浅变化的蓝色天空背景，选择"雨林"笔刷绘制背景中的云朵，注意光影变化。

04 使用乔木笔刷集中的"42"笔刷，绘制建筑周围的植物。用"雨林"笔刷画建筑左侧窗户玻璃。

05 使用"平画笔1"笔刷绘制建筑内部的楼梯、家具，建筑内部楼梯表现出明暗变化即可。使用选取工具选取玻璃上的反光区域，填充浅黄色，并调整透明度。选择"43"笔刷绘制反光区域的斜影效果。使用"浅色画笔"笔刷表现出玻璃的条状反光效果。

06 使用亮度笔刷集中的"浅色画笔"笔刷绘制建筑的灯带效果，调整画面的整体效果。复制整体建筑，进行垂直翻转并降低透明度，呈现出水里倒影的效果。

5.4
建筑小品表现技巧

◆ 雕塑小品设计表现技巧

本案例主要使用的笔刷

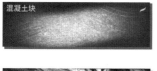

本案例主要使用的色彩

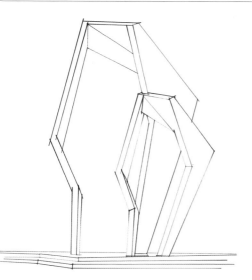
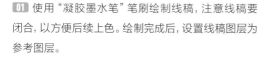

01 使用"凝胶墨水笔"笔刷绘制线稿，注意线稿要闭合，以方便后续上色。绘制完成后，设置线稿图层为参考图层。

02 新建图层，使用填充功能填充雕塑固有色并初步表现出明暗效果，注意整体色调的冷暖变化。

03 使用"Bush 2"笔刷绘制雕塑下面的灌木丛,使用园林树木集中的"102"笔刷和"15"笔刷绘制雕塑后面的植物,通过调整笔刷的透明度表现植物的透视效果。

04 添加太阳纹理素材图片,将该图层设置为"正片叠底"模式。使用"雨林"笔刷绘制背景天空。添加砖块纹理素材图片,将其放置在地面图层上,设置为剪辑蒙版和"正片叠底"模式。使用选取工具,调整纹理表现出透视效果。在雕塑主体图层使用"混凝土块"笔刷绘制纹理,注意雕塑上的光源效果。

05 采用Photoshop添加人物作为配景使用。

06 用Photoshop可以大幅度地调整画面效果，色调、人物、植物等都可以在Photoshop中调整。

◆ 柱子设计表现＋SketchUp辅助绘制

本案例主要使用的笔刷

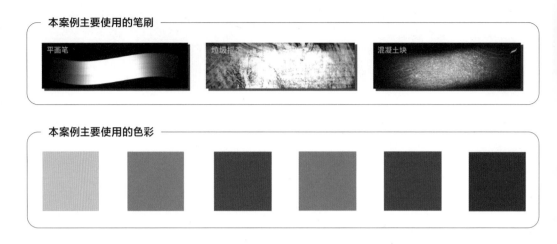

平面笔　　　　垃圾捅　　　　混凝土块

本案例主要使用的色彩

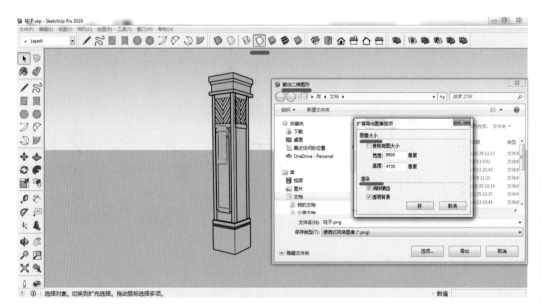

01 在SketchUp 中创建模型，设置显示效果为"消隐"，然后选择"文件"下"导出"的"二维图形"，选择保存类型为"便携式网络图像（*.png）"，单击"选项"按钮，在"扩展导出图像选项"对话框中设置"宽度"为9900像素、"高度"为4735像素，勾选"消除锯齿""透明背景"复选框，导出线稿图片。

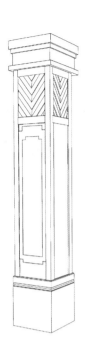

02 将从SketchUp中导出的线稿图片调整为底色透明，以方便后续填色。

03 用快速填充功能填充柱子的固有色，初步表现出明暗关系。

04 新建图层，将该图层设置为"正片叠底"模式，选取投影颜色，用"平画笔"笔刷将柱子的投影绘制出来。导出当前画面为JPG格式图片，新建图层，粘贴该图片，将图片饱和度调至最低，放置在柱子图层下方，用变形工具调整投影的透视效果及位置。

05 用"混凝土块"笔刷和"垃圾摇滚"笔刷绘制出柱子的纹理，表现出其质感。调整画面的整体明暗关系，然后用"手绘"笔刷，选取白色绘制出高光。

◆ 路灯设计表现+SketchUp辅助绘制

本案例主要使用的笔刷

软画笔　　　　　木纹18　　　　　尼科滚动

本案例主要使用的色彩

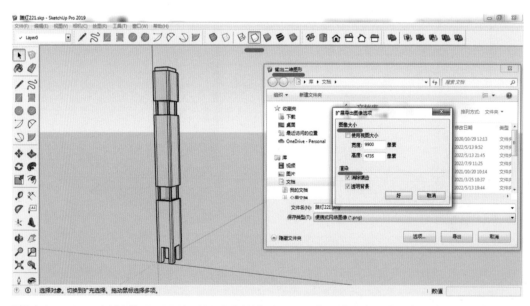

01 在SketchUp 中创建模型,设置显示效果为"消隐",然后选择"文件"下"导出"的"二维图形",选择保存类型为"便携式网络图像(*.png)",如果导出JPG格式也是可以的。单击"选项"按钮,在"扩展导出图像选项"对话框中设置"宽度"为9900像素、"高度"为4735像素,勾选"消除锯齿""透明背景"复选框,导出线稿图片。

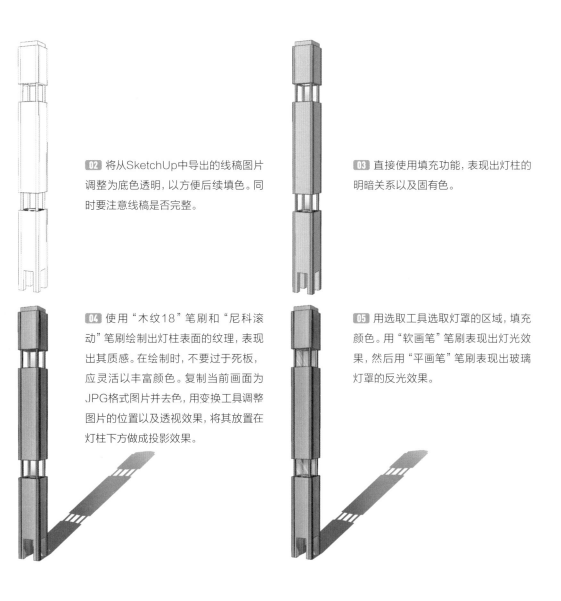

02 将从SketchUp中导出的线稿图片调整为底色透明,以方便后续填色。同时要注意线稿是否完整。

03 直接使用填充功能,表现出灯柱的明暗关系以及固有色。

04 使用"木纹18"笔刷和"尼科滚动"笔刷绘制出灯柱表面的纹理,表现出其质感。在绘制时,不要过于死板,应灵活以丰富颜色。复制当前画面为JPG格式图片并去色,用变换工具调整图片的位置以及透视效果,将其放置在灯柱下方做成投影效果。

05 用选取工具选取灯罩的区域,填充颜色。用"软画笔"笔刷表现出灯光效果,然后用"平画笔"笔刷表现出玻璃灯罩的反光效果。

◆ 警卫亭设计表现＋SketchUp辅助绘制

本案例主要使用的笔刷

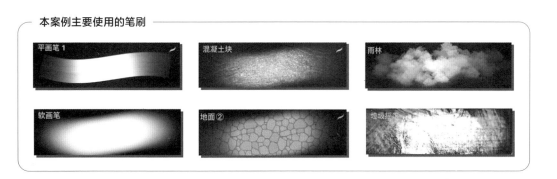

| 平画笔1 | 混凝土块 | 雨林 |
| 软画笔 | 地面② | 垃圾堆② |

本案例主要使用的色彩

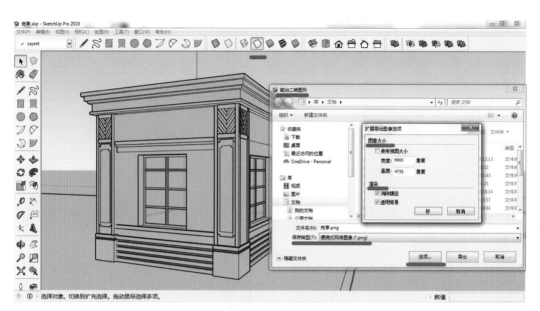

01 在SketchUp 中创建模型,设置显示效果为"消隐",然后选择"文件"下"导出"的"二维图形",选择保存类型为"便携网络图像(*.png)",单击"选项"按钮,在"扩展导出图像选项"对话框中设置"宽度"为9900像素、"高度"为4735像素,勾选"消除锯齿""透明背景"复选框,导出线稿图片。

02 将从SketchUp中导出的线稿图片,在Procreate中调整至底色透明,以方便后续上色。

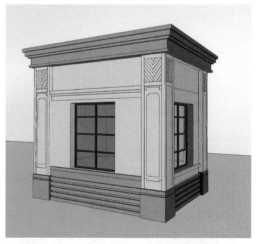

03 使用拖曳填充功能,填充建筑物的固有色,快速表现出警卫亭的明暗关系。使用"软画笔"笔刷绘制出天空和地面。

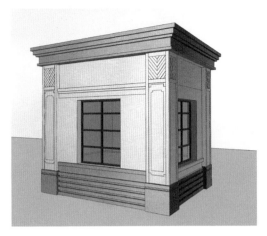

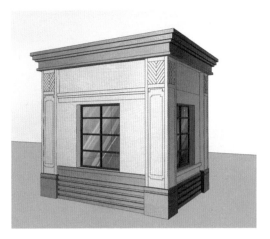

04 用"混凝土块"笔刷和"垃圾摇滚"笔刷绘制出警卫亭的纹理，表现出其质感。

05 用"尼科滚动"笔刷表现出玻璃的明暗变化，简单、快捷地表现出玻璃的质感，然后用"平画笔1"笔刷表现出玻璃的光影效果。

06 配合使用手绘选取工具绘制警卫室的投影。用"平画笔1"笔刷将细节处的投影绘制出来，将投影图层设置为"正片叠底"模式，这样就不会影响到已经绘制的建筑的纹理。然后用"雨林"笔刷绘制天空的云朵，用"地面②"笔刷绘制地面的纹理，调整画面的整体明暗关系。

第 6 章

建筑平面图、立面图、鸟瞰图表现技巧

建筑平面图、立面图、鸟瞰图常用的笔刷

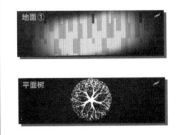

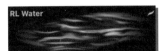

表现效果图分析

建筑平面、立面效果图多注重表现植被与铺装纹理，例如使用"地面①""地面②"笔刷表现平面图铺装效果，使用"混凝土块"笔刷表现建筑外立面或者土地的纹理。鸟瞰图多注重建筑外立面的纹理以及明暗变化。

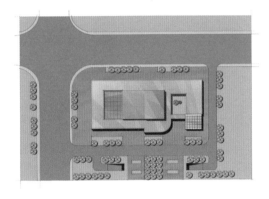

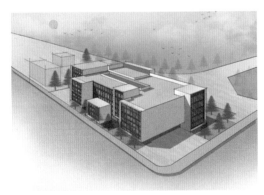

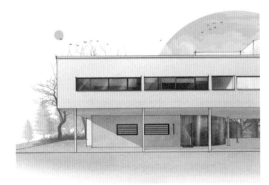

6.1
建筑平面图表现技巧

◆ 古代建筑平面图表现 + Photoshop调整

本案例主要使用的笔刷

本案例主要使用的色彩

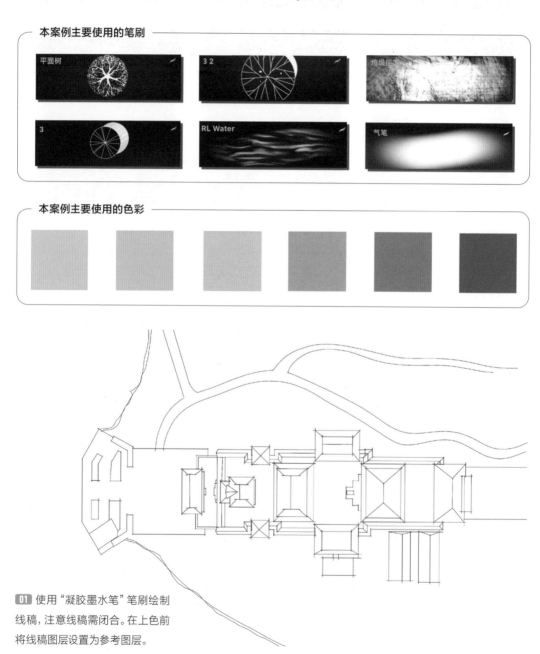

01 使用"凝胶墨水笔"笔刷绘制
线稿，注意线稿需闭合。在上色前
将线稿图层设置为参考图层。

02 新建图层，为海水、草地、建筑主体、广场分别填充固有色。

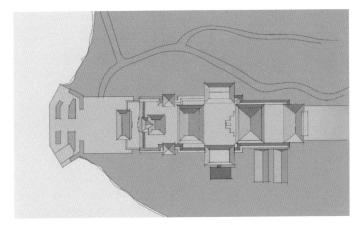

03 使用"气笔"笔刷表现出草地及海面的渐变效果。在海面图层上插入水面纹理图片，此时将自动生成新图层，将该层设置为剪辑蒙版，使用"RL Water"笔刷绘制水面波浪效果。

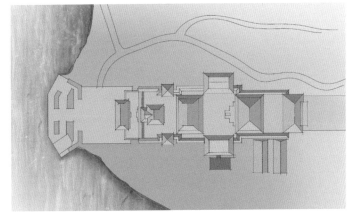

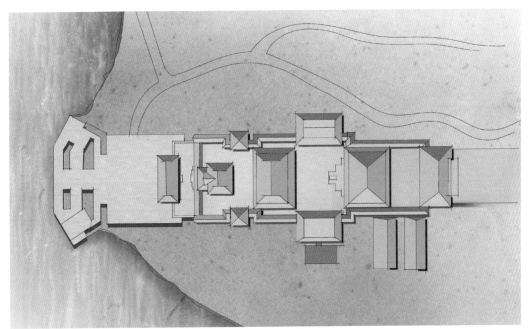

04 在草地图层上插入草地纹理图片，将草地纹理图层设置为剪辑蒙版，并调整纹理后查看效果，如果不好，再进行调整。

05 添加草丛素材图片，将草丛素材图层设置为剪辑蒙版，调整草地效果。新建植物图层，使用"平面树"笔刷绘制树木，注意整体的色调和树木大小的协调。

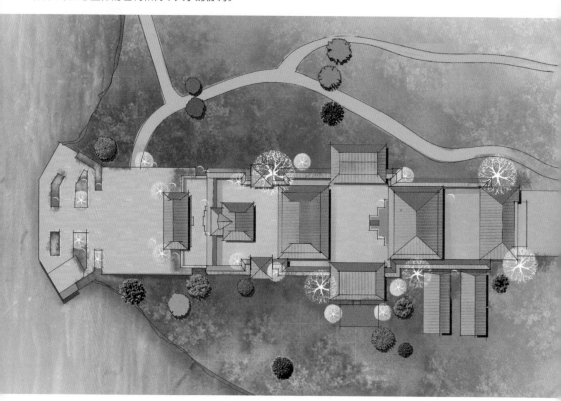

06 用Photoshop添加乔木、灌木等，让画面的层次更加丰富。

◆ 会所建筑平面图表现

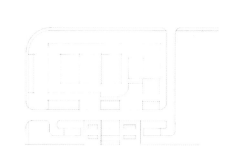

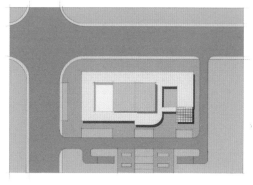

01 用"凝胶墨水笔"笔刷绘制线稿，注意绘制时将线稿闭合，以方便后续上色。

02 使用拖曳填充功能填充建筑固有色，初步表现出建筑平面图的色块对比关系。

03 用"尼科滚动"笔刷绘制建筑的纹理，同时强调建筑的投影变化，表现清楚玻璃材质。使用"地面"笔刷表现地面的铺装效果，将该图层设置为"正片叠底"模式。

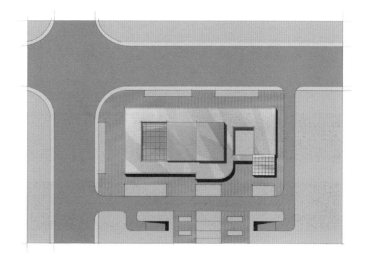

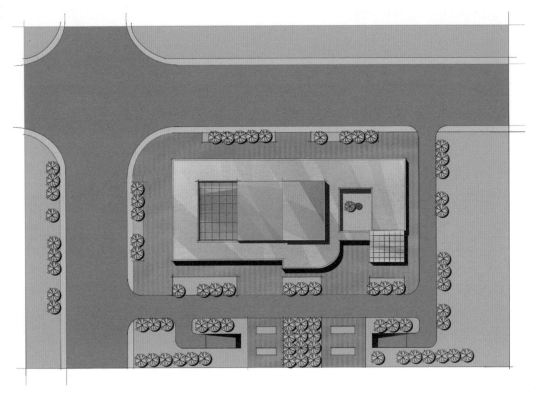

04 用"平面树"笔刷绘制出建筑周围的植物，注意疏密有致。

6.2
建筑立面图表现技巧

◆ 美术馆建筑立面图表现 + Photoshop调整

本案例主要使用的笔刷

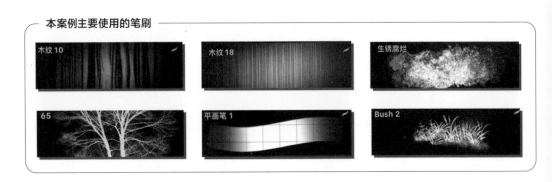

01 使用"凝胶墨水笔"笔刷绘制线稿,注意将线稿闭合。线稿画好后将线稿图层设置为参考图层。

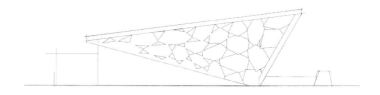

02 新建图层,使用填充功能,填充整体的固有色。

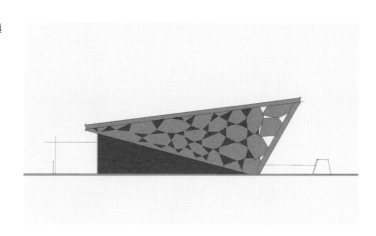

03 添加草地纹理素材图片,调整不透明度,将该图层设置为剪辑蒙版并附在草地图层上,将该图层锁定,使用工业笔刷集中的"生锈腐烂"笔刷绘制土地纹理。

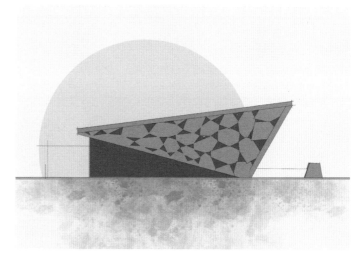

04 将建筑的木纹图层锁定，使用木纹笔刷集中的"木纹18"及"木纹10"笔刷绘制木纹效果。将玻璃图层锁定，使用"平画笔1"笔刷绘制玻璃的反光效果，表现建筑结构和玻璃的虚实关系。

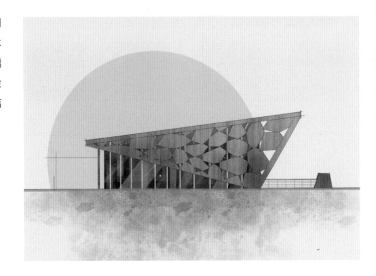

05 添加天空纹理素材图片，将其设置为圆形的剪辑蒙版图层，另外添加包括天空、太阳、飞鸟的素材图片，将该图层设置为"正片叠底"模式，并调整其位置。

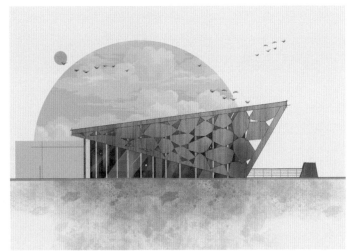

06 新建植物图层并放置于建筑图层之下。使用"乔木3"笔刷，绘制植物剪影。然后用Photoshop把人物添加进去，使画面更有生机。

◆ 办公楼建筑立面图表现＋SketchUp辅助绘制

本案例主要使用的笔刷

本案例主要使用的色彩

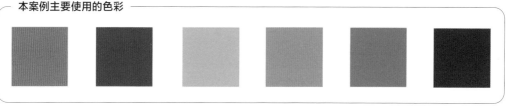

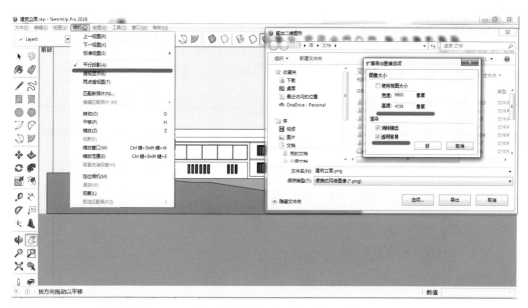

01 在SketchUp中创建模型，设置显示效果为"消隐"，选择"相机"下的"平行投影"，然后选择"文件"下"导出"的"二维图形"，选择保存类型为"便携式网络图像（*.png）"，单击"选项"按钮，在扩展导出图像"选项"对话框中设置"宽度"为9900像素、"高度"为4735像素，勾选"消除锯齿""透明背景"复选框，导出线稿图片。

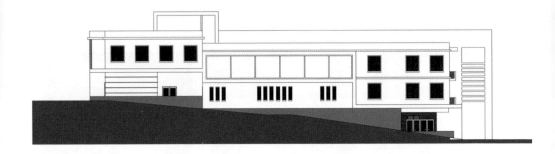

02 将从SketchUp中导出的线稿图片，在Procreate中调整至底色透明，以方便后续上色。有些深色区域也可以保留，不影响后面画图。

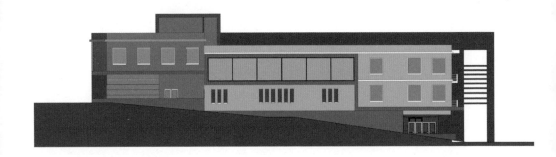

03 使用拖曳填充功能，填充建筑的固有色并划分好图层。

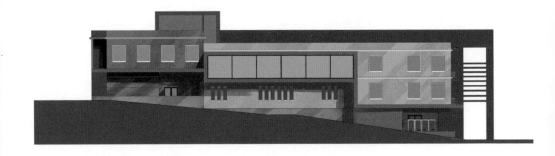

04 用"尼科滚动"笔刷表现出建筑主体立面的光影效果，使立面有层次感。

05 刻画玻璃的细节，用"平画笔"笔刷可以表现出玻璃的光洁效果，采用斜线的排笔方式表现出的"光线感"更好。主要的玻璃色彩为蓝色，也可以用别的色彩。

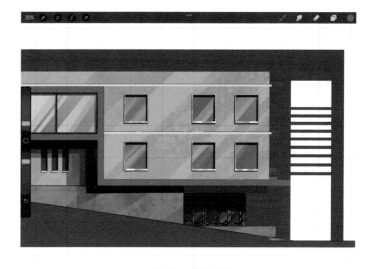

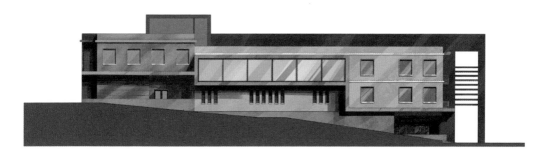

06 强调投影关系，突出建筑立面空间的变化。

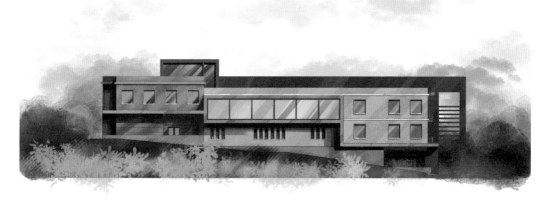

07 用"雨林"笔刷绘制天空的云层，用"蜡菊""蜂音"笔刷绘制远景和近景植物，调整画面的整体明暗关系。

6.3
建筑鸟瞰图表现技巧

◆ 建筑群鸟瞰图表现

本案例主要使用的笔刷

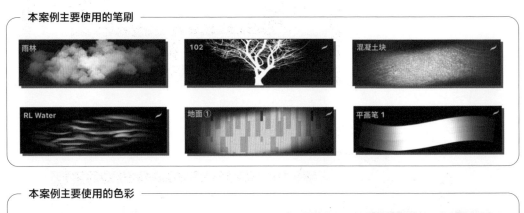

本案例主要使用的色彩

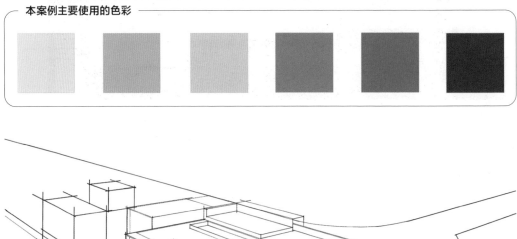

01 使用"凝胶墨水笔"笔刷绘制线稿，注意鸟瞰图的整体透视走向以及线稿的闭合。

02 使用填充功能填充建筑的色
彩，使用"气笔"笔刷绘制背景。

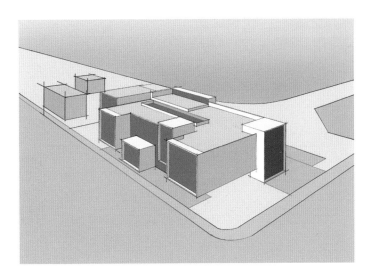

03 使用"混凝土块"笔刷进行绘
制，表现出建筑的质感，同时画出
建筑的投影。

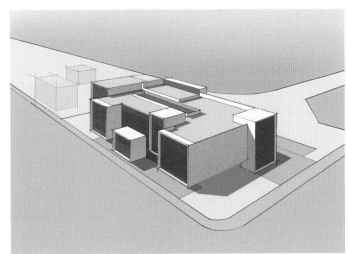

04 添加草地的纹理图片，将其设
置为剪辑蒙版，并进行相应调整。

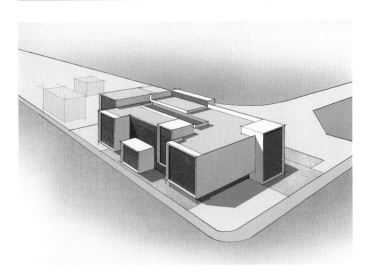

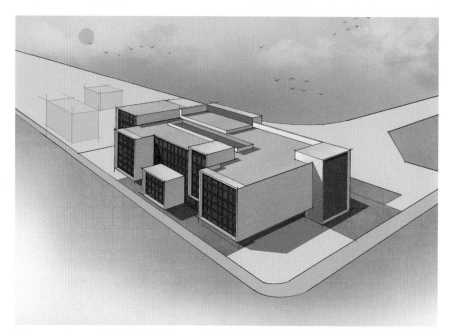

05 使用"雨林"笔刷绘制背景天空的云朵，添加有太阳和鸟儿的纹理图片，并将其设置为"正片叠底"模式，补充天空的细节。使用"垃圾摇滚"笔刷绘制建筑窗户的纹理，使用"平笔"笔刷按照透视原理绘制窗框，注意要表现出窗框的结构以及明暗关系。

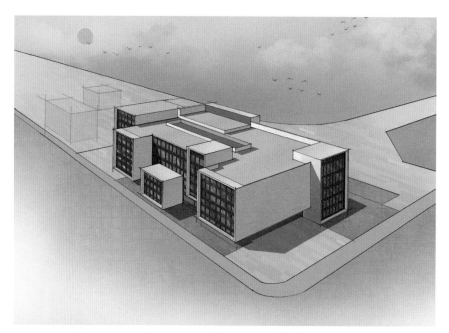

06 使用"平画笔1"笔刷，选取较浅的色彩绘制玻璃的反光效果。使用"地面①"笔刷，绘制出地面的铺装，注意表现出透视感。

07 使用合适的笔刷绘制建筑周围的植物。

◆ 办公楼鸟瞰图表现＋SketchUp辅助绘制

本案例主要使用的笔刷

平画笔　　雨林　　尼科滚动

千层树　　蜡菊　　凝胶墨水笔

本案例主要使用的色彩

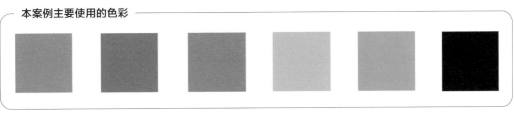

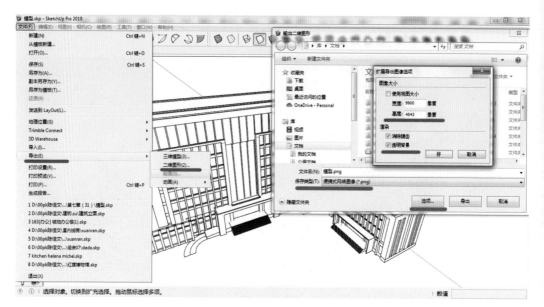

01 在SketchUp 中创建模型，设置显示效果为"消隐"，然后选择"文件"下"导出"的"二维图形"，选择保存类型为"便携式网络图像（*.png）"，单击"选项"按钮，在"扩展导出图像选项"对话框中设置"宽度"为9900像素、"高度"为4543像素，勾选"消除锯齿""透明背景"复选框，导出线稿图片。

02 将从SketchUp中导出的线稿图片，在Procreate中调整至底色透明，以方便后续填色。

03 使用拖曳填充功能，填充建筑、玻璃的固有色，表现出建筑的明暗关系。

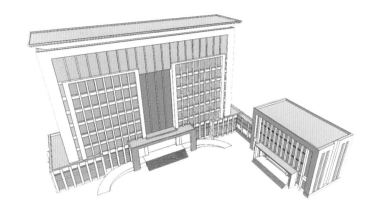

04 用"平画笔"笔刷表现出玻璃的光影效果，表达出玻璃反光的质感。

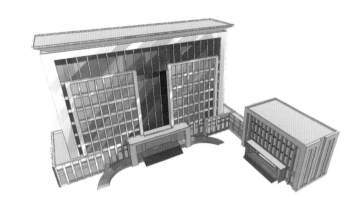

05 绘制建筑的投影。用"尼科滚动"笔刷将建筑的暗面、投影刻画出来，使建筑更有"体量感"。

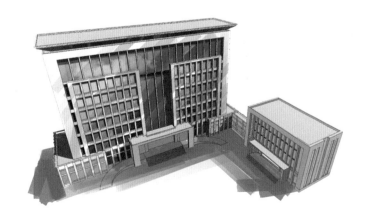

06 细致刻画建筑投影，丰富画面层次。

07 用"千层树"笔刷绘制远景植物，用"蜡菊"笔刷绘制近景植物。注意用多种绿色绘制植物。

第 7 章

建筑表现技巧

7.1
小型建筑表现技巧

◆ 别墅建筑表现

本案例主要使用的笔刷

本案例主要使用的色彩

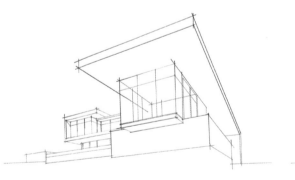

01 用"凝胶墨水笔"笔刷绘制建筑线稿，注意线稿要闭合。

02 使用拖曳填充功能为建筑填充色彩，并在玻璃上加入一定的环境色。

03 使用"雨林"笔刷绘制背景云朵,用"平画笔1"笔刷选取浅色并画出光束效果。

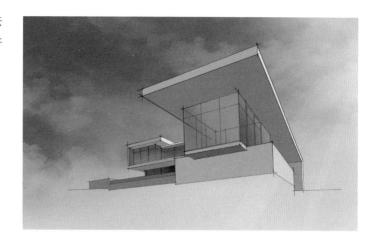

04 使用"Bush 2"笔刷绘制出建筑前的草地。注意草地色彩、形态的变化。

05 使用"102""15"笔刷绘制树木,并进行合理的安排。用"垃圾摇滚"笔刷绘制建筑的纹理,表现出其质感,使用"墙面"笔刷绘制出砖墙效果。

06 使用"浅色画笔"笔刷表现出玻璃的反光效果，注意反光的走向。

◆ 小型建筑施工场地表现 ＋ Photoshop画面调整

本案例主要使用的笔刷

木纹10　Bush 2　雨林

混凝土块　15　垃圾摆布

本案例主要使用的色彩

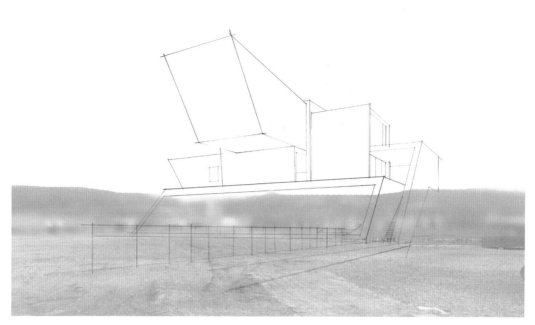

01 在建筑施工场地图上绘制建筑的基本结构线稿。

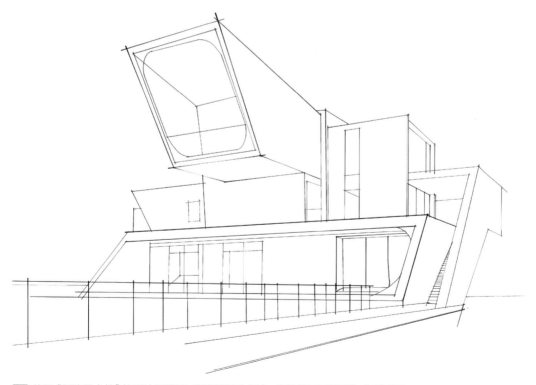

02 使用"凝胶墨水笔"笔刷绘制线稿，注意线稿的闭合，将线稿图层设置为参考图层。

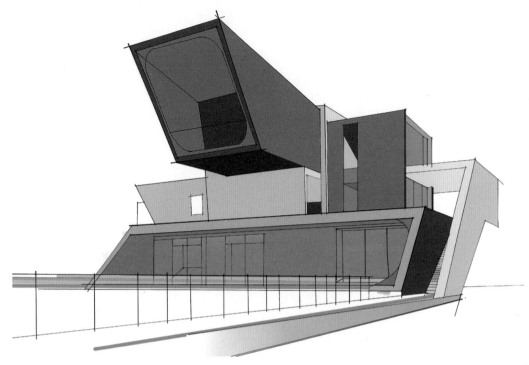

03 使用拖曳填充功能快速填充建筑的固有色。

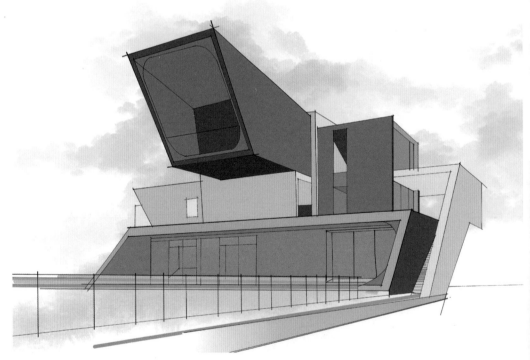

04 使用"雨林"笔刷绘制背景天空的云朵，注意表现出云朵的层次与明暗关系。

05 使用"乔木"笔刷以及"草丛"笔刷绘制建筑周围的植物。在建筑主体图层中,使用选取工具选中建筑外立面区域,用"垃圾摇滚"笔刷画建筑深色区域的纹理,然后用"混凝土块"笔刷画建筑浅色区域的外立面混凝土纹理。突出的建筑阳台用"木纹10"笔刷以暖黄色画出渐变效果。阳台的玻璃护栏则用浅黄色画出透明效果,同时用白色画出玻璃边缘的高光,这样玻璃护栏更有质感。

06 在绘制建筑的玻璃时,先使用"平画笔"笔刷绘制出大致的投影,然后使用"乔木"笔刷表现出玻璃上的植物剪影效果。

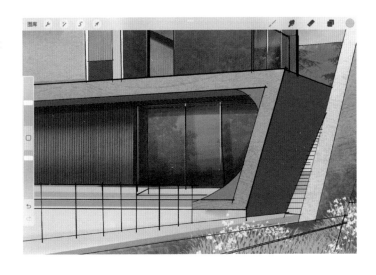

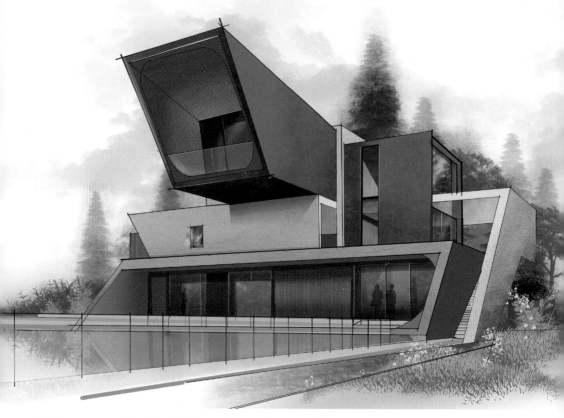

07 用Photoshop添加人物，将人物设置成半透明效果，调整画面的整体色调与细节。制作水面倒影效果要先复制建筑与建筑环境图层，再用镜像翻转图层并降低建筑与建筑环境图层的透明度，这样水面上就完成建筑与建筑环境倒影的效果了。

7.2
校园建筑表现技巧

◆ 行政楼施工场地表现

本案例主要使用的笔刷

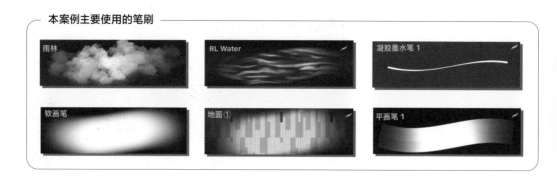

01 在行政楼施工场地图上绘制建筑的基本结构线稿,可以画得简单一些。

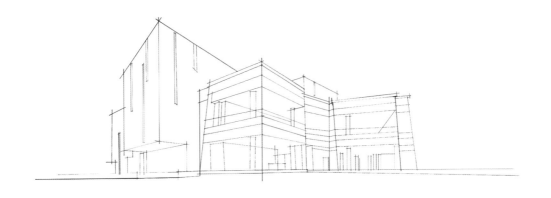

02 用"凝胶墨水笔1"笔刷细化线稿,注意线稿的闭合,将线稿图层设置为参考图层。

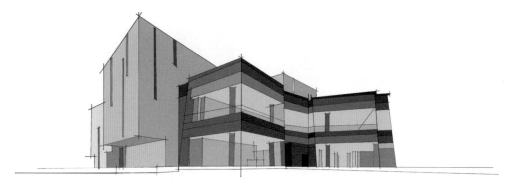

03 使用快速填充功能表现出建筑的固有色与明暗关系。

04 选择"软画笔"笔刷，选用紫色表现环境色。

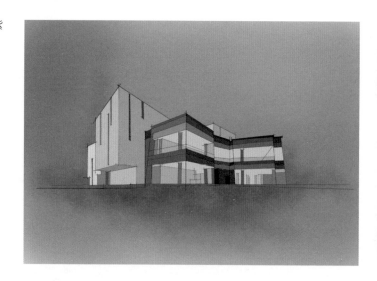

05 使用"雨林"笔刷绘制出背景天空，注意表现出云朵的明暗关系。

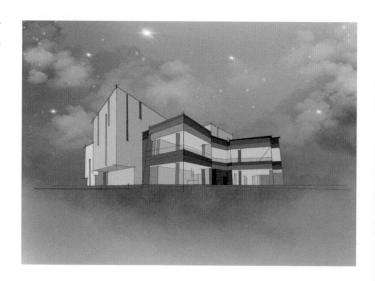

06 用地平线笔刷集中的"建筑剪影"笔刷绘制建筑主体后的建筑剪影，导入月亮的素材图片，将该图层设置为"正片叠底"模式，调整月亮的不透明度使之与画面融合。用"混凝土块"笔刷和"垃圾摇滚"笔刷绘制出建筑外立面的纹理。注意不能破坏建筑整体的明暗关系。

07 使用亮度笔刷集中的"浅色画笔"笔刷表现出玻璃幕墙的反光效果，锁定幕墙图层，调整发光笔刷大小，从发光源开始绘制，注意光源前浅后深的对比效果，再控制笔刷大小，绘制细致光源。最后使用细光源笔刷绘制高光。

08 将当前画面保存成JPG格式图片，导入为新图层。将新图层设置为水面图层的剪辑蒙版，调整其不透明度。调整整体画面。

◆ 数字化图书馆概念设计＋SketchUp辅助绘制

本案例主要使用的笔刷

平画笔 | 雨林 | 尼科滚动
千层树 | 蜡菊 | 凝胶墨水笔

本案例主要使用的色彩

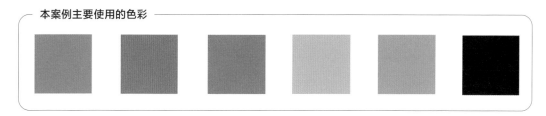

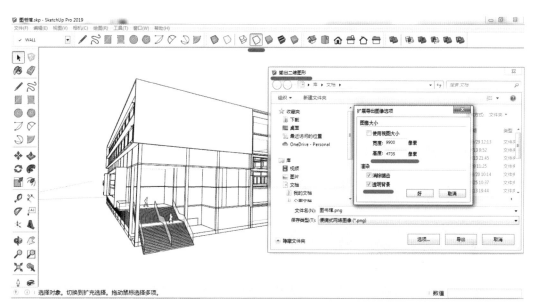

01 在SketchUp 中创建模型,单击"消隐"按钮使画面呈现出线稿,然后选择"文件"下"导出"的"二维图形",选择保存类型为"便携式网络图像(*.png)"格式,单击"选项"按钮,在"扩展导出图像选项"对诘框中设置"宽度"为9900像素、"高度"为4735像素,勾选"消除锯齿""透明背景"复选框,导出线稿图片。

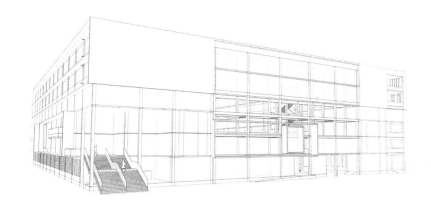

02 将从SketchUp中导出的线稿图片,在Procreate中调整至底色透明,以方便后续上色。在SketchUp中绘制复杂的结构比在Procreate中绘制更快速、灵活,软件与软件之间的导入、导出也是很方便的。

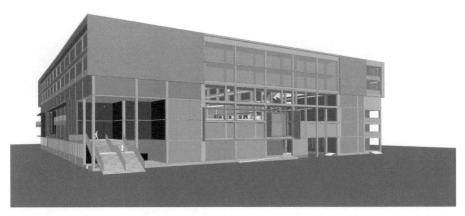

03 使用拖曳填充功能填充建筑物的固有色。在填色时要表现出建筑的明暗关系，以方便后面继续深化。

04 用"尼科滚动"笔刷进行绘制表现出玻璃窗的明暗变化和质感，尤其是建筑亮面玻璃与暗面玻璃的色彩区别。然后用"平画笔"笔刷画出光影效果，表现玻璃的反光质感。建筑底层的玻璃用深蓝色表现，以表现出玻璃反射建筑周围环境光的效果。

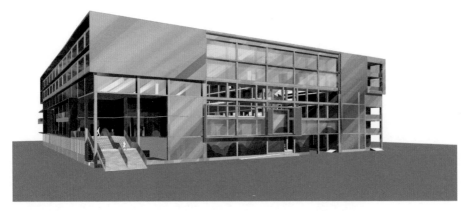

05 用"混凝土块"和"尼科滚动"笔刷绘制出建筑主体的纹理，表现出其质感。

06 丰富建筑主体的细节,尤其是柱子的穿插变化,背景的植物色彩应丰富些,起到丰富画面的作用。建筑前地面倒影采用"尼科滚动"笔刷垂直运笔绘制,增加建筑物的现代感。

07 用"雨林"笔刷绘制天空的云层,用"尼科滚动"笔刷绘制地面的铺装,调整画面的整体明暗关系。画面的色调应统一并有少量的变化。前景植物用"蜡菊"笔刷绘制,同时注意绿色的明度和纯度的变化。

◆ 图书馆建筑施工场地表现＋Photoshop画面调整

本案例主要使用的笔刷

本案例主要使用的色彩

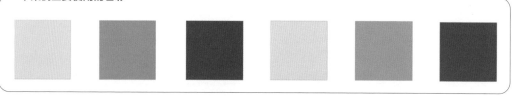

01 在场地图上面使用"凝胶墨水笔"笔刷绘制建筑的基本结构线稿的透视、比例应与场地图一致。

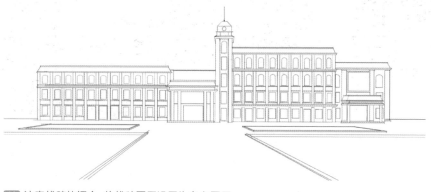

02 注意线稿的闭合，将线稿图层设置为参考图层。

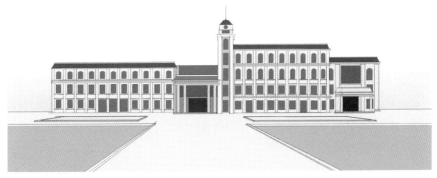

03 新建一个图层，使用拖曳填充功能，表现出画面整体的固有色与建筑初步的明暗关系。

04 使用"雨林"笔刷绘制出背景的云朵，通过色彩表现出云朵的层次。

05 使用"城市背景"用"sykline"和"Bush 2"笔刷绘制出图书馆后的建筑剪影，添加包含天空、太阳及飞鸟的素材图片，将该图片的图层设置为"正片叠底"模式。

06 使用"102"笔刷和"Bush 2"笔刷绘制建筑周围的植物,添加草地素材纹理图片,将该图层设置为剪辑蒙版,使用"圆笔"笔刷绘制草地中的小路,复制小路图层,调整复制的图层的色相与明度,形成自然的投影效果。

07 使用"垃圾摇滚"笔刷进行绘制,表现出玻璃的质感,注意整体的明暗关系。然后使用"平画笔1"笔刷在玻璃上绘制出玻璃的反光效果,灵活调整笔刷的大小以避免效果太过死板。

08 在Photoshop中添加路灯、人物及其投影,注意人物的比例应与画面协调一致。

09 最终完成的效果。

7.3
办公建筑表现技巧

◆ 高层办公建筑表现

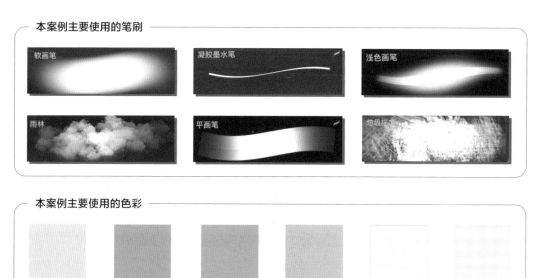

本案例主要使用的笔刷

软画笔

凝胶墨水笔

浅色画笔

雨林

平画笔

燇垃插...

本案例主要使用的色彩

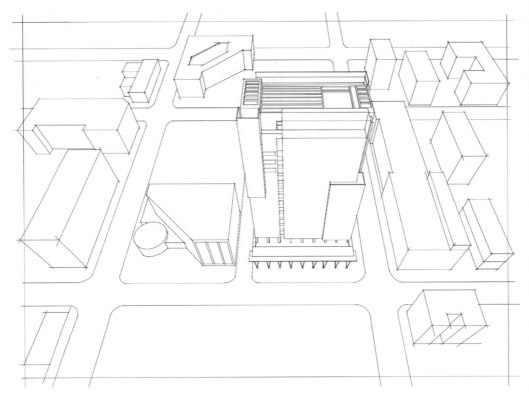

01 使用"凝胶墨水笔"笔刷绘制线稿，注意线稿的闭合。

02 使用填充功能快速表现出画
面整体的明暗关系以及固有色。

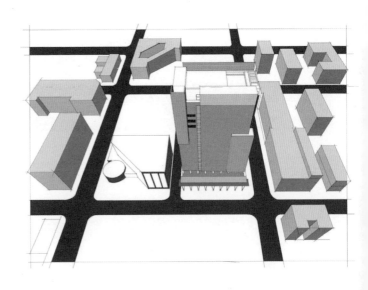

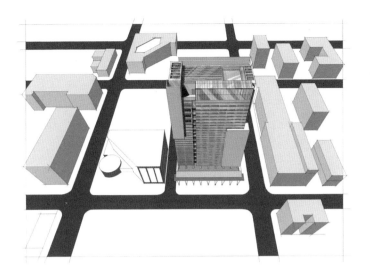

03 用"平画笔1"笔刷进行绘制，表现出中间建筑玻璃的质感与反光效果。

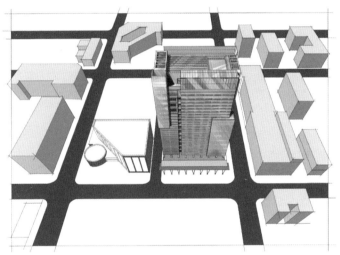

04 使用选取工具，分别选中中间建筑左上角和右下角绿色玻璃的部分，使用"平画笔1"笔刷和"浅色画笔"笔刷进行绘制，表现出玻璃的质感与明暗关系。

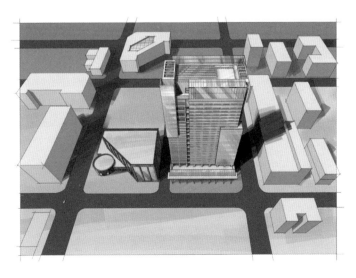

05 用"软画笔"笔刷和"平画笔1"笔刷将画面整体背景的明暗关系与投影表现出来。

06 使用"雨林"笔刷绘制出鸟瞰图中的植物，最后调整画面的整体效果。绘制主体建筑左上方和左下方的两栋低层建筑，同样采用"平画笔"笔刷绘制建筑体块和建筑玻璃的亮面、灰面和暗面。

◆ "节能"办公建筑表现＋SketchUp辅助绘制

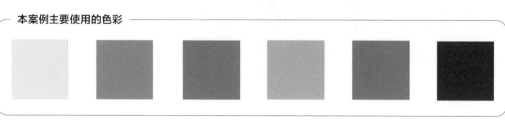

本案例主要使用的笔刷

| 平画笔 | 雨林 | 混凝土块 |
| 地面① | Skyline 32 | 软画笔 |

本案例主要使用的色彩

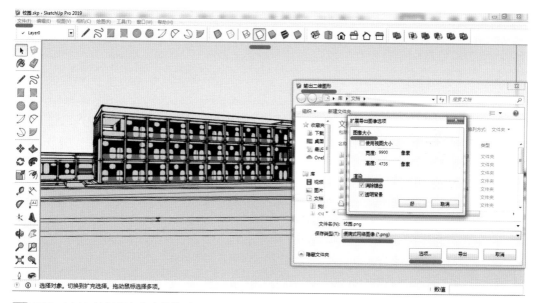

🔲 用SketchUp绘制好办公建筑模型，设置显示效果为"消隐"，然后选择"文件"下"导出"的"二维图形"选择保存类型为 "便携式网络图像（*.png）"类型，单击"选项"按钮，在"扩展导出图像选项"对话框中设置"宽度"为9900像素、"高度"为4735像素，勾选"消除锯齿""透明背景"复选框，导出线稿图片。

🔲 将从SketchUp中导出的办公建筑的线稿图片，使用Procreate调整至底色透明，将该图层设置为参考图层。

🔲 使用冷灰色等色彩快速填充建筑主体，表现出建筑主体的明暗关系。

04 使用"软画笔"笔刷绘制天空和地面，通过该笔刷可以很好地表现色彩的渐变效果。注意加入环境色，丰富画面色彩。

05 使用"垃圾摇滚"笔刷绘制建筑表面纹理，再叠加"混凝土块"笔刷，表现建筑墙面整体质感。用"软画笔"笔刷绘制玻璃大致颜色和基础反光。

06 使用"雨林"笔刷绘制出天空的云层，在绘制时注意表现出云层"上端浅，下端深"的明暗关系。用"尼克滚动"笔刷和"混凝土块"笔刷绘制出建筑外立面的纹理，表现出其质感，注意调整笔刷的色彩，表现出墙面的光影变化。

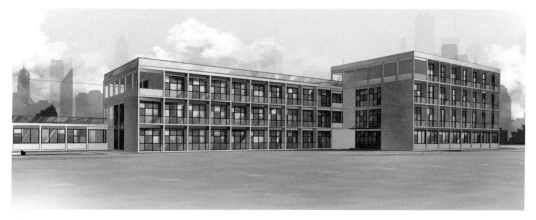

07 使用"地面①"笔刷绘制出地面的铺装,调整其透视效果。使用"Skyline32"笔刷绘制建筑剪影,注意前实后虚的空间关系,后面的建筑剪影要在降低透明度的同时缩小尺寸,以营造画面整体的透视效果。

08 使用Photoshop调整画面的整体色调,添加人物、植物及其投影等丰富画面效果。

◆ 小型办公建筑施工场地表现 + Photoshop画面调整

本案例主要使用的笔刷

本案例主要使用的色彩

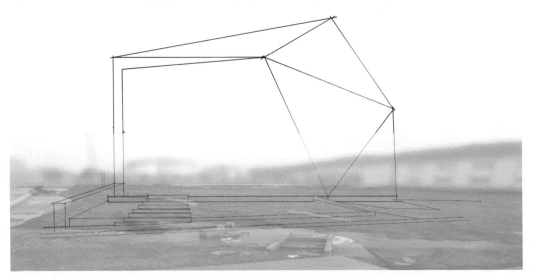

01 在场地照片上用"凝胶墨水笔"笔刷绘制建筑的基本结构线稿。

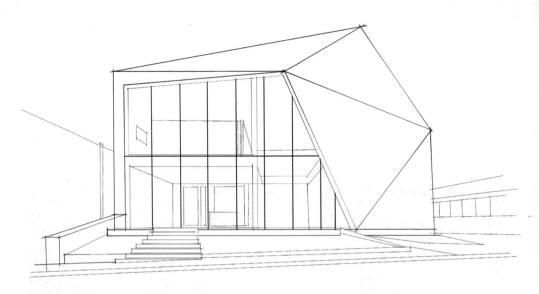

02 用"凝胶墨水笔"笔刷细化线稿,注意将线稿闭合并将相应图层设置为参考图层。

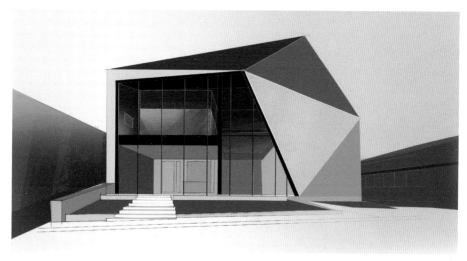

03 使用填充功能快速表现出画面的整体明暗关系。

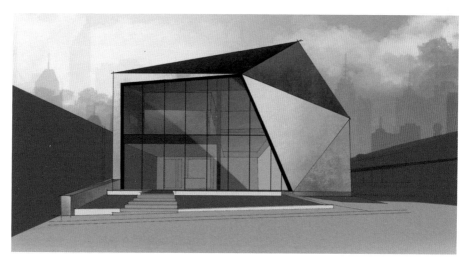

04 使用"雨林"笔刷绘制出天空的云层,在绘制时注意表现出云层"上端浅、下端深"的明暗关系。用地平线笔刷集中的"Skyline32"笔刷,绘制出背景的城市剪影效果。用"垃圾摇滚"笔刷进行绘制,表现出建筑主体外立面的质感。注意不能破坏面与面之间的明暗关系。

用"地面②"笔刷绘制地面,然后填充玻璃色块,锁定玻璃图层,调整图层透明度,使其表现出半透明质感,用"平画笔"绘制反光效果。

05 使用"草丛"笔刷绘制建筑前的植物,用色彩的深浅体现出植物本身的明暗关系,然后用浅粉色及浅黄色进行点缀,绘制出花朵。

06 用"平画笔"笔刷绘制，表现出玻璃的明暗关系，将反光效果表现出后用"浅色画笔"笔刷表现出玻璃的强光反射效果，体现出玻璃的质感。然后用"砖面"笔刷绘制建筑前地面的铺装，使用变换工具调整地面铺装的透视效果。

07 使用亮度笔刷集中的"闪光"笔刷和"浅色画笔"笔刷绘制室内的灯带与筒灯效果。

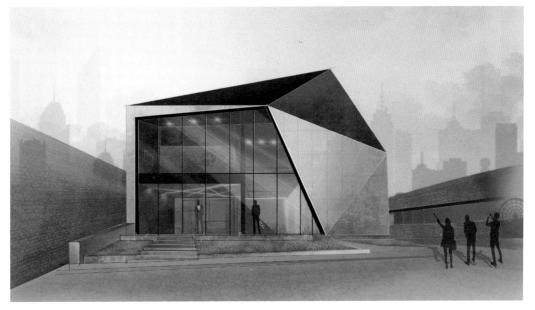

08 用Photoshop添加人物及其投影等，调整画面的整体色调。

7.4
展馆建筑表现技巧

◆ 美术馆表现＋Photoshop画面调整

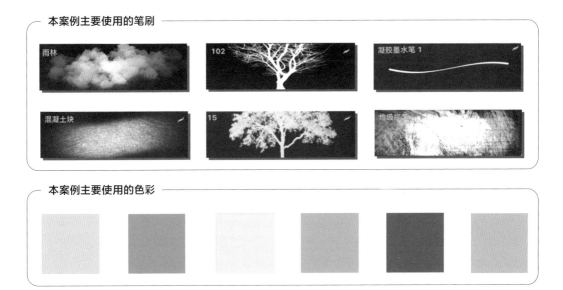

本案例主要使用的笔刷

雨林

102

凝胶墨水笔 1

混凝土块

15

垃圾桶

本案例主要使用的色彩

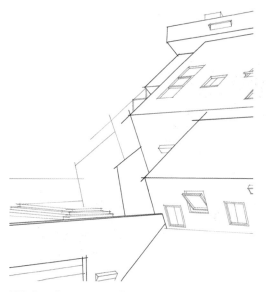

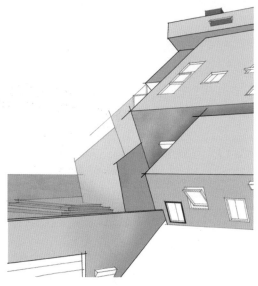

01 使用"凝胶墨水笔1"笔刷绘制线稿,注意线稿的闭合,将线稿图层设置为参考图层。

02 使用色彩填充功能快速表现出画面整体的明暗关系。

03 使用附赠的自然植物树云水笔刷集中的"Mountain1"笔刷,绘制背景的远山,然后使用有机笔刷集中的"雨林"笔刷,绘制山体附近的云朵。用"软画笔"笔刷将部分窗户的色彩快速表现出来。使用"102"笔刷"105"笔刷绘制建筑侧边树木。

04 新建草地图层,使用自然植物树云水笔刷集中的"weed3"笔刷绘制出草丛。使用"15"笔刷,将合适的树木绘制在建筑左侧。直接填充深色在门与窗框上。

05 用"垃圾摇滚"笔刷和"混凝土块"笔刷表现出建筑主体的质感。

06 使用"平画笔"笔刷表现出玻璃的反光效果,为窗框部分填充固有色。然后调整画面的整体细节,如果觉得黑色的线稿太过生硬,可以复制线稿图层并将其设置为阿尔法锁定,选用"软画笔"笔刷并将大小调整为最大,选取合适的色彩绘制,改变线稿的色彩。

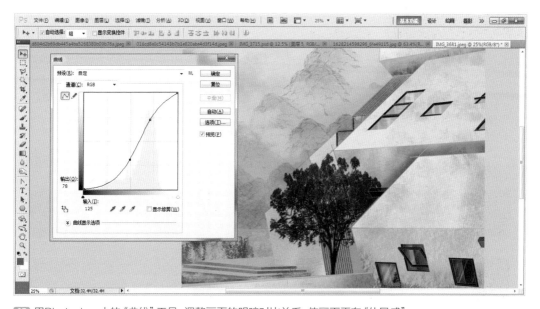

07 用Photoshop中的"曲线"工具,调整画面的明暗对比关系,使画面更有"体量感"。

08 最终效果。

◆ "未来科技展馆"表现＋SketchUp辅助绘制

本案例主要使用的笔刷

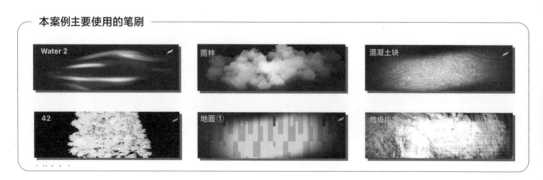

本案例主要使用的色彩

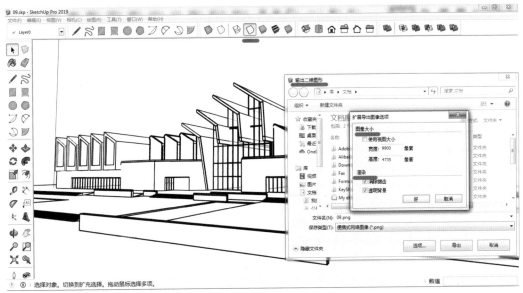

01 在SketchUp 中创建模型，并导出线稿图片，相关导出图像参数如图所示。

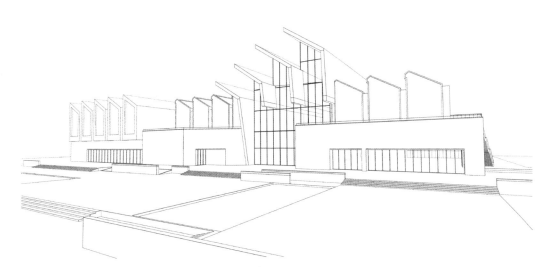

02 将从SketchUp中导出的建筑线稿图片调整为底色透明。

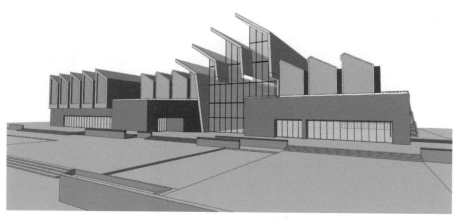

03 使用填充功能分别填充建筑、地面、水的固有色，初步表现出建筑的明暗关系。

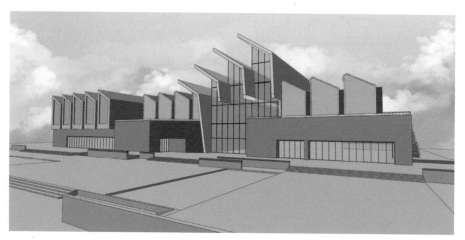

04 使用"软画笔"笔刷绘制天空，注意环境色的变化，然后使用"雨林"笔刷绘制云层。

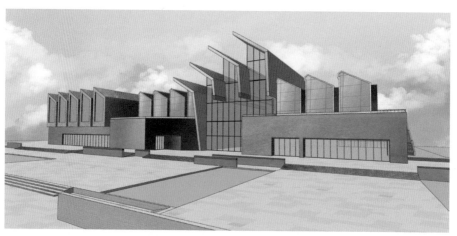

05 运用"混凝土块"笔刷绘制出建筑外立面的纹理。用"垃圾摇滚"笔刷绘制红墙的纹理。使用"地面①"笔刷绘制出地面的铺装，使用变形工具调整其透视效果。

06 使用"平画笔1"笔刷表现出玻璃的反光效果,适当调整透明度,表现玻璃剔透的效果。用"软画笔"笔刷绘制水面底色,再新建图层并设置正片叠底,在新建图层上用"water2"笔刷绘制水纹效果。

07 使用乔木笔刷集中的"42"笔刷绘制乔木,调整大小和透明度,绘制建筑周围的植物

08 保存当前绘制效果为JPG格式图片,将其导入并放置在水面图层上方,设置为水面图层的剪辑蒙版,并调整为"正片叠底"模式,然后调整透明度。

◆ "哈尔滨大剧院" 建筑表现 + Photoshop画面调整

本案例主要使用的笔刷

| 雨林 | RL Water | 混凝土块 |
| 软画笔 | 地面① | 闪光 |

本案例主要使用的色彩

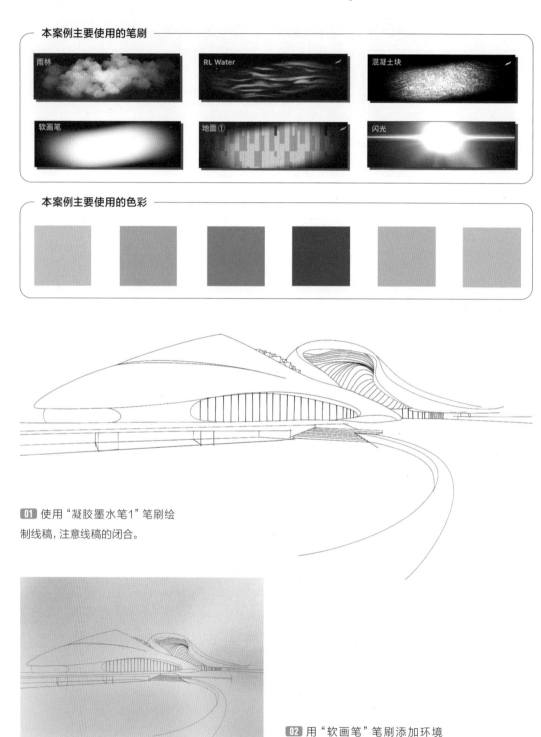

01 使用"凝胶墨水笔1"笔刷绘制线稿，注意线稿的闭合。

02 用"软画笔"笔刷添加环境色，营造整体画面的氛围。

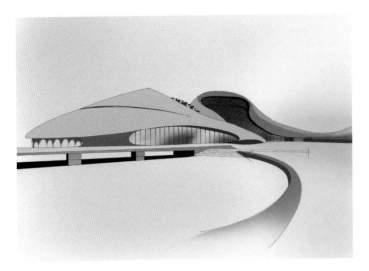

03 用快速填充功能将画面的固有色以及明暗关系表达出来。使用"软画笔"笔刷，表现出玻璃幕墙的光影变化，通过该笔刷可表现出光影的柔和感。

04 使用"RL Water"笔刷绘制出水波纹的效果，先画深色部分再画浅色部分，自然地表现出水面的明暗变化。

05 使用"地面①"笔刷绘制出建筑前地面的铺装，使用变换工具调整其透视效果。然后选用亮度笔刷集中的"闪光"笔刷绘制建筑前地面的灯光。用"混凝土块"笔刷绘制建筑墙面纹理。用"雨林"笔刷绘制云层效果，注意云层渐变效果。

06 用"混凝土块"笔刷绘制建筑的纹理，表现出混凝土质感，然后导出此时的画面为JPG格式图片，并插入新的图层中，通过变换工具将其水平翻转，并设置为水面图层的剪辑蒙版，调整透明度，就可以表现出自然的倒影。

07 在Photoshop中添加人物及其投影等，用"色阶"工具调整画面的色调。

7.5
中式建筑表现技巧

◆ 客家围屋建筑表现

本案例主要使用的笔刷

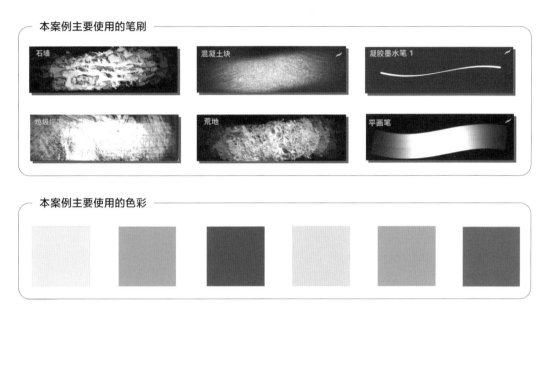

本案例主要使用的色彩

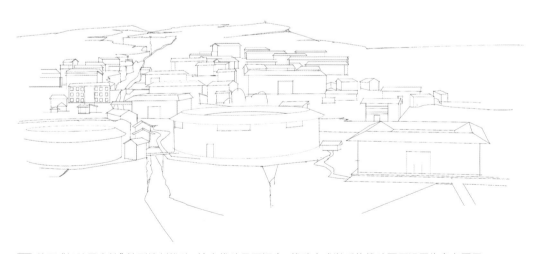

01 使用"凝胶墨水笔"笔刷绘制线稿，检查线稿是否闭合。线稿完成以后将线稿图层设置为参考图层。

02 导入一张纸面纹理图片，营造出中国画的氛围。

03 新建图层，使用填充功能填充土地的颜色，将明暗关系初步表现出来。导入背景素材图片并放置在土地图层下，调整素材图片的不透明度，使其与画面更加协调。

04 使用"垃圾摇滚"笔刷，选取地面暗部的颜色绘制山体，利用色彩的轻重表现出山体的曲折与明暗关系。添加丹顶鹤素材图片，调整图片位置与大小。

05 使用填充功能快速填充建筑的固有色，初步表现出建筑的明暗关系。

06 新建投影图层，将该图层设置为"正片叠底"模式以不影响后续的上色与质感表达。使用"平画笔"刷绘制出所有建筑的投影。用"荒地"笔刷绘制地面的纹理。

07 在建筑图层使用"混凝土块"笔刷绘制，表现出建筑整体的质感。

08 添加中国画风格素材图片,调整其位置与大小。

09 使用"乔木"笔刷绘制出建筑周围的植物,调整整体画面就完成了。

◆ 新中式建筑表现 + SketchUp辅助绘制

本案例主要使用的笔刷

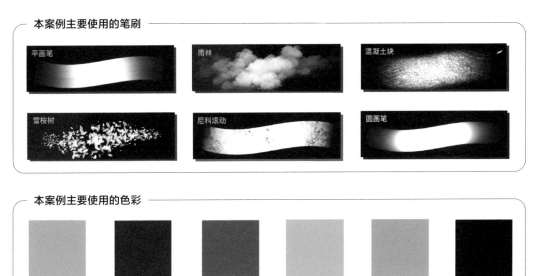

平画笔　　　　　　雨林　　　　　　混凝土块

雪桉树　　　　　　尼科滚动　　　　　圆画笔

本案例主要使用的色彩

01 在SketchUp 中创建模型，设置显示效果为"消隐"，然后选择"文件"下"导出"的"二维图形"，选择保存类型为"便携式网络图像（*.png）"，单击"选项"按钮，在"扩展导出图像选项"对话框中设置"宽度"为9900像素、"高度"为4735像素，勾选"消除锯齿""透明背景"复选框。

02 将从SketchUp中导出的线稿图片，在Procreate中调整至底色透明以方便后续填色。在大型复杂的中式建筑中，选用SketchUp画线稿较方便，能很好地匹配施工图。

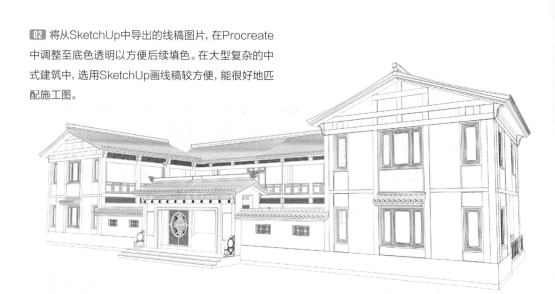

03 使用拖曳填充功能，填充中式建筑的固有色，快速表现出明暗关系，同时表现出光影关系。

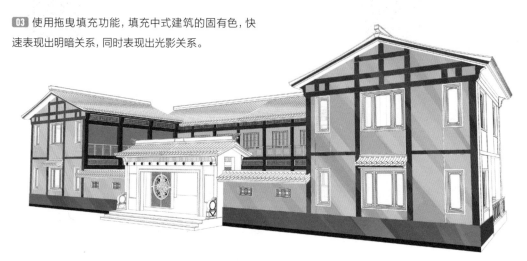

04 用"混凝土块"笔刷和"尼科滚动"笔刷绘制出建筑的纹理，表现出其质感。建筑的暗面要重点强调，但色彩不能太深。在绘制复杂建筑时，应多设置一些图层以方便修改。

05 用"尼科滚动"笔刷绘制，表现出玻璃的明暗变化和质感。建筑底层玻璃的色彩要反映建筑环境的色彩，玻璃上的反光效果不用很写实，但是色彩关系要清晰。

06 基于在SketchUp中精细绘制的线稿，在上色阶段较轻松。在该步骤中建筑入口的台阶用"平画笔"笔刷表现。屋檐效果也用"平画笔"笔刷表现，注意建筑形体的明暗变化。

07 丰富建筑细节，同时注意调整建筑整体的明暗变化。

08 首先用"尼科滚动"笔刷绘制地面,采用平行运笔和垂直运笔的方式来表现,地面由近及远逐渐加深灰色。
接着用"圆画笔"笔刷表现远景中的植物,植物要有深浅变化。再用"雨林"笔刷绘制浅蓝色的天空效果。
最后用"平画笔"笔刷画一些长方形表示远景处的建筑。

◆ 现代中式建筑施工场地表现+Photoshop画面调整

本案例主要使用的笔刷

软画笔

Mountain 3

浅色画笔

65

雨林

手迹 1

本案例主要使用的色彩

01 根据场地图用"凝胶墨水笔1"笔刷绘制建筑的基本结构线稿。

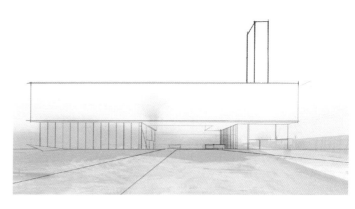

02 使用"凝胶墨水笔1"笔刷细化线稿,注意线稿的闭合,将线稿图层设置为参考图层。

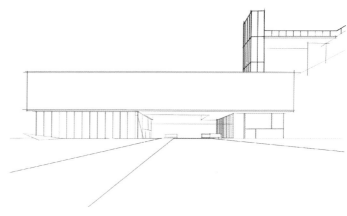

03 新建图层,用快速填充功能表现出画面整体的固有色及明暗变化。

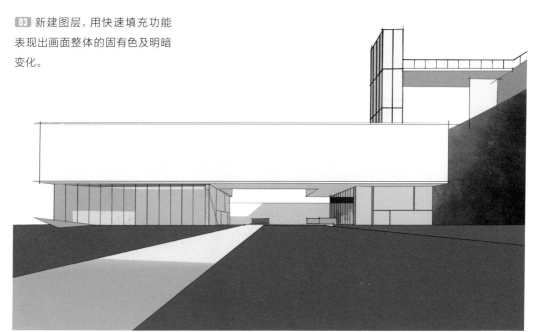

04 用"软画笔"笔刷绘制，表现天空的固有色和渐变效果，使用"雨林"笔刷绘制出有深浅变化、有层次感的云朵。

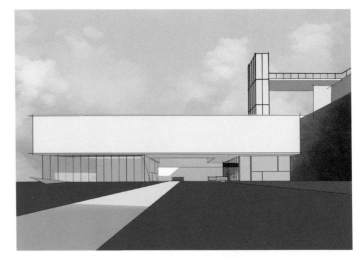

05 使用"地面"笔刷绘制出地面的铺装效果，将该图层设置为地面图层的剪辑蒙版，使用变换工具调整其透视效果。用"Mountain3"笔刷绘制出玻璃幕墙上的中式水墨山体，用"大理石"笔刷绘制建筑外立面的墙体纹理效果。用"软画笔"笔刷绘制建筑内部空间效果，再填充玻璃色块并调低透明度，表现出建筑玻璃效果。

06 使用"65"笔刷绘制出建筑周围的植物，调整透明度，以表现出植物的透视感，用"手迹1"笔刷绘制出地面的灯具，并填充浅蓝色，用"浅色画笔"笔刷表现出玻璃幕墙的反光效果。

07 导出当前画面为JPG格式图片，添加该图片至新图层中，将该图层设置为水面图层的剪辑蒙版，通过变换工具将该图层水平翻转，并调整至合适的位置，将该图层的透明度降低，表现出较为自然的倒影效果。

08 通过photoshop添加人物并画出投影，调整画面。

第 8 章

Procreate建筑设计手绘作品欣赏

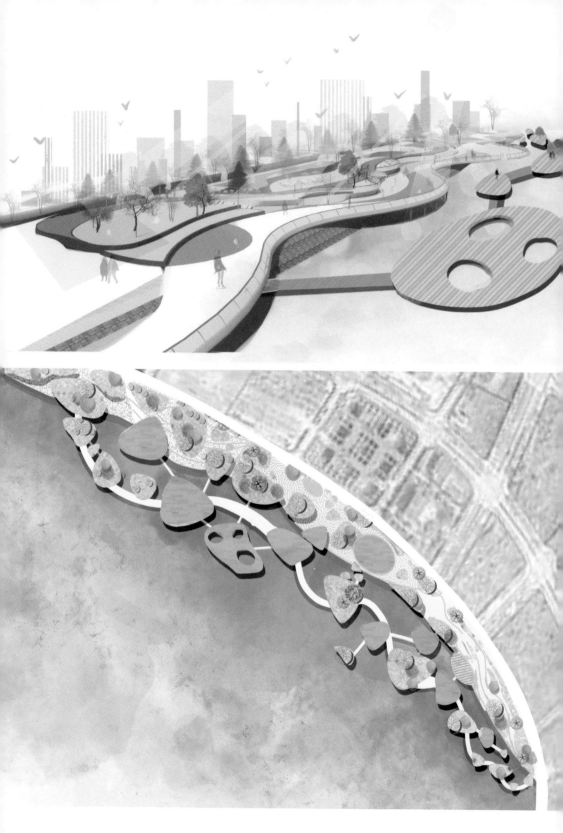